誰も農業を知らない2

SDGsを突きつめれば、日本の農業は世界をリードする

有坪民雄
Tamio Aritsubo

原書房

まえがき

前作「誰も農業を知らない」は、農業界のみならず、ビジネスパーソンにもよく読まれました。巷にあふれる大規模農業は無農薬農業、あるいは六次産業化といった農業論がどれだけピントの外れたものになっているかを、どっさり書きました。

当然、反論は予想しておりました。中でも農薬は危険で、無農薬農業こそ安全な農業だと思い込んでいる人たちの神経を逆なでするだろうと身構えて出版日を迎えました。

マスコミで大きく採り上げられる農業論に違和感を持っている人は、農業関係者にも、農業と無縁の仕事をしている人にも多かったのでしょう。巷《ちまた》の農業論は何かおかしい……そんな、読者の持っていた農業論への疑問を全部とは言いませんが、相当に解消できたようで、著者冥利《みょうり》に尽きる本でした。

本著は、その第二弾です。メインテーマはＳＤＧｓになります。農業のＳＤＧｓといえば、農水省が２０２１年５月に「みどりの食糧システム戦略」を発表し、２０５０年までのロードマップを発表しています。

このロードマップを横目で見ながら、おそらく多くの人が関心を持っておられるであろう、食料安全保障、温室効果ガス削減、有機農業、そして農家の持続可能性について書いていきます。

ＳＤＧｓ（持続可能な開発目標）は、賛否が分かれるテーマです。ＳＤＧｓは近年「気候変動」と言われることも増えてきた「地球温暖化」問題がメインテーマとして挙げられることが多いのですが、実際のＳＤＧｓは地球温暖化だけでなく、自然保護や貧困の撲滅など多くの分野で世界を良くしていこうとする運動です。

２０２４年現在、世界のＳＤＧｓ界隈は、とても面白い局面に来ています。これまでは、いわゆる出羽守と呼ばれる人たちが「ヨーロッパでは」「ドイツでは」などと言って日本の温暖化対策の遅れを非難していたりしていましたが、そのヨーロッパで温暖化対策が次々と見直しを迫られています。

もともとヨーロッパの温暖化対策は、多くの日本人から見て疑問の多いものでした。ドイツが原発ゼロを目指し、いわゆる自然エネルギーの発電を目指すのはいいのですが、電気が足りなくなると原発大国のフランスから電気を購入します。ほぼ全ての電力を水力発電で賄うノルウェーが温室効果ガスを出す石油を輸出して外貨を稼いでいます。農業分野も、政府が農家に無理難題を押し付けすぎたため、いくつかの国で農家が反乱を起こしました。

日本がすすめようとしている温暖化対策が最も現実的で効果も見込める……火力発電所をなくすのではなく、アンモニア発電施設に転用するとか、太陽光発電が効率的に行える国で水素を作ってもらい日本が輸入するなど、ヨーロッパよりもはるかに足が地に着いたエネルギー政策がすすめられています。

日本の手堅いやり方が理解されつつある現在、農業分野の温暖化対策も日本が世界を先導する可能性は十分にあると考えられます。

そんなことを考えつつ農業分野のＳＤＧｓについて書いていくうちに気がついたことがあります。ＳＤＧｓを推進することには、日本の懸案を解決していくことにも繋がります。

本書で提案している目標のひとつに食料価格を上げることがあります。なぜ食料価格を上げるのかというと、食糧価格の上昇は日本人の賃金を確実に上げることになるからです。

なぜ日本の賃金が上がらないのか諸説ありますが、歴史を見渡せば、賃金が上がる理由はおおむねふたつに絞られます。ひとつは労働者が不足していることです。失業者が多く、労働者が余っている社会なら会社は質の良い労働者を安く雇うことができます。しかし労働者が不足していると、高い給料を出さないと来てくれなくなります。多くの場合、社員やパートに高い人件費を払いたくない会社は、安く雇える外国人を連れてきて人件費を抑えようとします。安く働いてくれる外国人で雇用が満たされる間は、我々の賃金は上がりません。

14世紀ヨーロッパでペスト（黒死病）が大流行した時には、ヨーロッパで3～4人に1人が命を落としました。その結果、農民や労働者も激減したため、彼らの待遇も賃金も上昇したのは歴史の教科書に書いてあります。労働力不足になったことで、ペスト流行前の3倍の賃金を出しても召使いを雇えないなどざらにあったようです。

もうひとつは、安い給料でも食べていける経済構造を作ることです。食糧が安いと、人は低賃金でもなんとか暮らしていけます。しかし食糧価格が高くなると低賃金では暮らしていけません。食費が上がれば、賃金は確実に上がるのです。

日本の一風堂で820円出せば食べられる豚骨ラーメンが、ニューヨーク店で20ドル（約3000円）ほどするそうですが、これくらい物価が上がると人件費も必然的に上がります。

実際のところ、日本の農産物の価格は全くと言っていいほど上がっておらず、主食のコメに至っては30年前の半額程度といった状態です。これで給料が上がるはずがありません。2024年の春闘では、大企業が大幅な賃上げを行いましたが、中小企業まで賃上げが普及するのかは疑問視されていました。そんな中、確実に中小企業の給料も上げるには、食糧価格を上げるのが最も有効なのです。

SDGsは、温暖化対策だけではありません。自然保護であったり貧困問題の解決であったり、人類と地球の持続可能性に関わること全てがテーマになり、とるべき対策も多種多様です。

書いていて、自分でも驚いたことがふたつあります。私はＳＤＧｓとは世の中をよくするために良いことをしようという、優等生的な考えだと思っていました。しかし、実際は武士道のようなものではないかと思うようになりました。実効性のある、良きことを行うには、我々も相応に「コスト」を支払わなければならない……ここでいうコストはお金を払うことだけを意味しているわけではありません。武士道のような、一種の美意識をもって生きることだと考えるようになったのです。それが第一の驚きです。

第二の驚きは、ＳＤＧｓの推進は、食料安全保障にもつながることでした。化学肥料の使用を減らすには、どんな方法がとれるのか考えていくと、こうした問題にも踏み込んでいくことになったのです。しかも、日本が海上封鎖され、化学肥料も石油も入ってこない時の対策が、食料自給率を低いままにしておくことになるのですから、書いた本人である私ですら腰を抜かしていたりします。

お楽しみいただけると幸いです。

誰も農業を知らない2◉目次

目次

第4章　有機農業25パーセント目標は達成できるか、達成すべきなのか？　157

第5章　農家の持続可能性　201

第１章

農業の危機

1936年のダストボウルによって
埋まった機械類。
アメリカ・サウスダコタ州ダラス

◉ダストボウル——今なおアメリカが脅える大災害は農業がもたらした

人類は、これまで多くの自然を改変してきました。改変の中には、自然破壊も含まれます。奈良の大仏殿建設は、そうした自然破壊の象徴としても実は有名です。

奈良の大仏殿の建設には、滋賀県大津市付近にある田上山《たなかみやま》から木材が切り出されました。良質の太いヒノキがたくさんあったためです。多くのヒノキを切り出したため、田上山は、はげ山になったとも言われました。

このヒノキは平城京全体の建築にも使われ、この後の時代にも使われ続けたようです。

その頃から、田上山の近くを流れる瀬田《せた》川の下流地域でしばしば水害が発生するようになりました。雨が降るとはげ山になった田上山から土砂が流れ出し、土砂が下流に堆積して川底が浅くなり、水害が容易に発生するようになったのです。

明治時代になると政府に雇われた外国人技術者ヨハネス・デ・レーケが砂防ダムを造ったり、西川作平《ひしかわさくへい》という篤農家が植林を始めたのを皮切りに、多くの人たちが田上山の森林回復と下流の水害防止の努力を続けてきました。ようやく近年、そうした努力が報われつつあります。

田上山は日本の一地方の例ですが、アメリカでは国家を揺るがす大災害が農業によって発生したことがあります。ダストボウルと呼ばれる、砂嵐と土壌侵食です。

アメリカ中西部の大平原《グレートプレーンズ》は世界的に見ても肥沃《ひよく》な土地で、農業にも大変適した土地でした。そのため19世紀には多くの人が入植し、農業を営んでいました。牛や馬を飼って農地を耕す手伝いをしてもらい、その糞尿《ふんにょう》を肥料に使う伝統的な農法です。

しかしトラクターが普及し、小麦の大量生産が可能になると、供給過剰になって価格が下落して、農家は苦境に陥り、離農者が続出しました。

トラクターの普及によって家畜が飼われなくなり、家畜糞尿という自然の肥料が使えなくなった当時のアメリカの農家は、化学肥料を多投して収量を維持しようとします。また、大型のトラクターは重く、農地に上から圧力をかけることになります。こうしたことが続き、土壌の団粒構造が失われて砂のようになっていきました。そこに風が吹くと表土が砂塵《さじん》となって舞うことになって、風に乗っていきます。

そして1931年から39年にかけて、ダストボウルと呼ばれる大規模な土壌侵食と砂嵐が発生します。耕作が不可能になった農地の再生をあきらめた農民たちは、西へと移動しましたが、苦難は続きます。ジョン・スタインベックの小説『怒りの葡萄』は、まさにこの時期のアメリカ農民の苦闘を描いた作品です。

ダストボウルは大都市の住民にも無縁ではありませんでした。シカゴやニューヨークといったアメリカの大都市は、風に飛ばされてきた表土がチリとなって空を覆い、「赤い雨」が降りました。昼でも夜のように暗く、市民は砂塵を避けるため、マスクを付けて外出していました。毒ガス用のような大型のマスクを使って粉塵対策をする人もいました。

ダストボウルの発生に大きな衝撃を受けたアメリカ政府は、いずれこうなると1910年代から警鐘を鳴らしていた土壌学者、ヒュー・ハモンド・ベネットを急遽《きゅうきょ》新設された土壌侵食局の初代局長に任命し、対策にあたらせました。ベネットの保全対策は功を奏し、ベネットは「土壌保全の父」と呼ばれるようになります。

ベネットの保全対策は当時とても有効でした。そのひとつに地下水を汲み上げた灌漑《かんがい》農業の推進があったのですが、以来数十年にわたって地下水の汲み上げを続けた結果、近年地下水が枯渇しつつあるのです。そうなれば、砂漠化を防ぐために進めた灌漑農業ができなくなります。

アメリカは現在不耕起栽培（農地を耕さない農法）を推進してこの難局を乗り越えようとしています。なぜ不耕起栽培が有効かというと、農地を耕さないと団粒構造が維持され、農閑期に草が生えているので強風が吹いても砂嵐は起きないからです。当然土壌の消失も起きにくくなります。

しかし、農地を草だらけにしていると農作物は育ちにくくなります。そのため農家の抵抗も大きかったようなのですが、近年は理解も深まり、小麦、トウモロコシ、大豆の栽培面積の6割が不耕起栽培になっているそうです。もっとも表土を浅く耕すケースも不耕起としてカウントされているので完全というわけではありませんが、過去の悪夢がなければこんなに多くの農家が不耕起栽培に協力することにはならなかったでしょう。

こうした砂嵐は、アメリカだけでなく世界の乾燥地帯で今も発生しています。春に日本にやってくる黄砂も、そのひとつです。土壌侵食はアメリカのみならずヨーロッパでもアジアでもアフリカでも問題になっています。

日本は雨がそれなりに降るので、すぐに草が生えてきて地面を覆います。そのため、土砂崩れなどの災害時は別として、表土流出はあまり起きません。

ところが2022年4月、北海道十勝《とかち》地方で暴風が吹き、表土がダストボウルのように舞い上がりスモッグが発生しました。飛んだ表土は太平洋にも飛んでいったのが気象衛星の写真でも確認されました。

このニュースを見た時、私は「日本でもダストボウルが起きるのか！」と驚きました。調べてみると、実は日本でも北海道のオホーツク海沿岸で、毎年のように強風で土が飛ばされているそうです。ダストボウルと言う用語が使われていないだけで、日本でも発生していたのです。

元農業環境技術研究所の谷山一郎《たにやまいちろう》氏によれば、西南日本（中国四国九州地方）の雨が多い地域の、傾斜した、黄色土や赤色土の畑で土壌侵食が多く見られ、日本全土で1年間に９００万トン、1平方メートルあたり42グラムの土が土壌侵食によって失われています。反面、水田が多いため傾斜がなく、栽培中に水が張ってあるため土壌侵食が起きにくい農地も多いのです。

しかし、だからと言って日本は大丈夫かというと、そんなことはありません。

◉我々は気候に殺されるのか？　温暖化とゲリラ豪雨

いわゆる地球温暖化は、日本にも及んでいます。私が小学生だった昭和40年代（1965〜74年）、日本の多くの地域で夏の最高気温は30度程度が普通でした。33度ともなると「年に一度あるかないかの猛暑」といった感じでした。しかし、今はどうでしょうか？

夏の最高気温が30度なら涼しいくらいで、33度くらいが普通、35度になっても想定内の暑さ程度にしか感じなくなっています。

頭の中では想定内の暑さといっても、体にとっては想定外です。私は農業が仕事なので夏に草刈りをしますが、気温30度なら一日中草を刈ることもできます。しかし気温が上がってくるとだんだんと難しくなります。35度ともなると直射日光の下で2時間が限度……それ以上やると頭がくらくらしてきて、おそらくは熱中症の状態に陥ります。

夏に子供が運動場で熱中症にかかって倒れるのも道理です。私の体を日本人の標準と仮定すると、夏の気温が33度までなら耐えられても、35度には耐えられないのでしょう。その間、たった

日本の年平均気温偏差

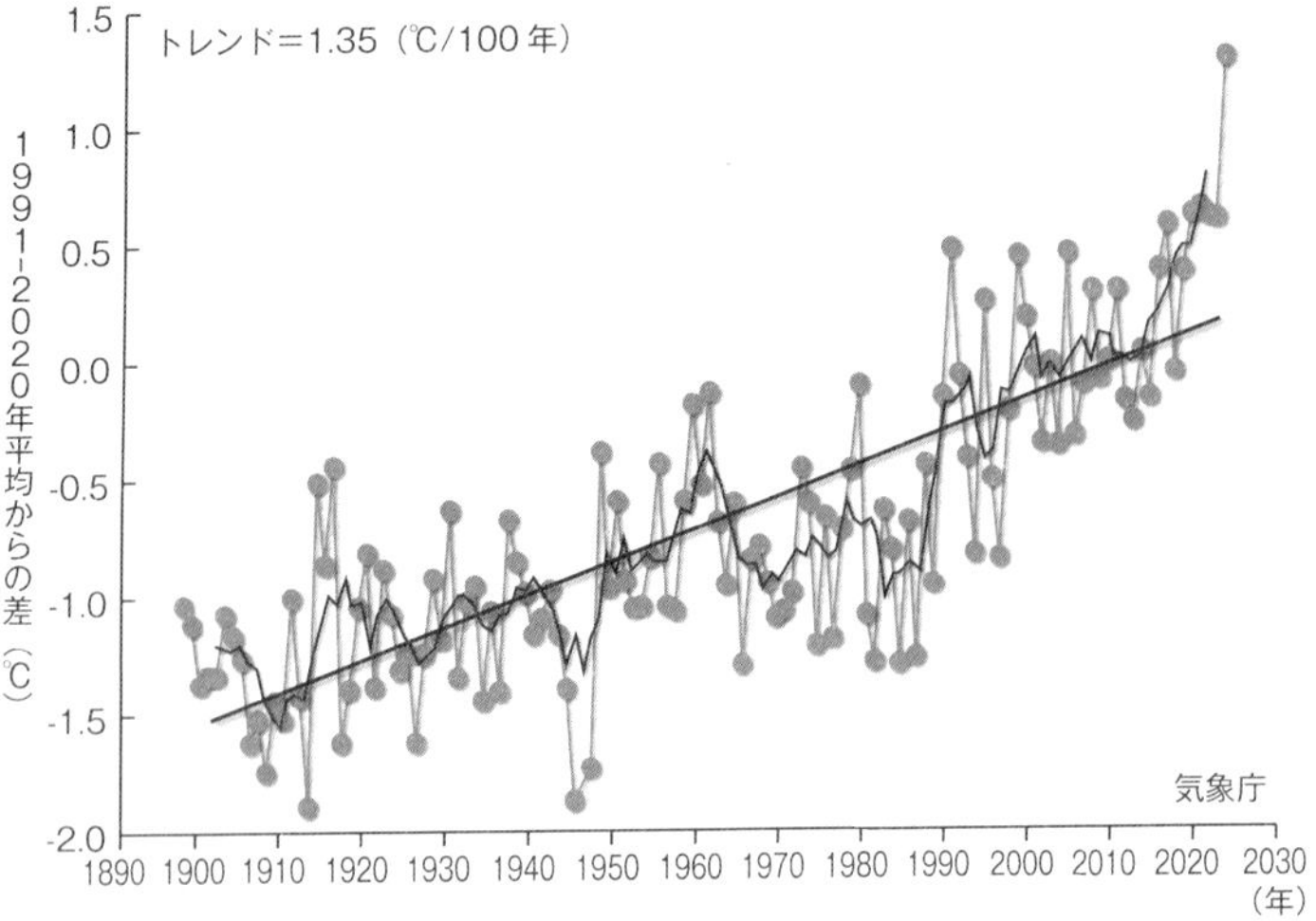

グレー線：各年の平均気温の基準値からの偏差、黒線：偏差の5年移動平均値、直線：長期変化傾向。基準値は1991～2020年の30年平均値。
気象庁　http://www.data.jma.go.jp/cpddinfo/temp/an_jpn.html

2度の気温差でしかありません。これ以上気温が上がると、夏の昼間、出歩くことができなくなるかもしれません。

大まじめに言いますが、これ以上夏の最高気温が上がってくると、農作業は夜に移行していっても不思議ではないでしょう。夜は照明をつけても農地はよく見えないし作業もやりにくいのですが、命の危険には代えられません。

その上、毎年のように大きな水害が日本のどこかで発生しているのも気になります。地震や台風が増えているのかどうかはよくわかりません。しかし、大量の雨が短時間に降る、「ゲリラ豪雨」は間違いなく増えているでしょう。ゲリラ豪雨は線状降水帯と呼ばれる、複数の積乱雲

全国［アメダス］1時間降水量50mm以上の年間発生回数

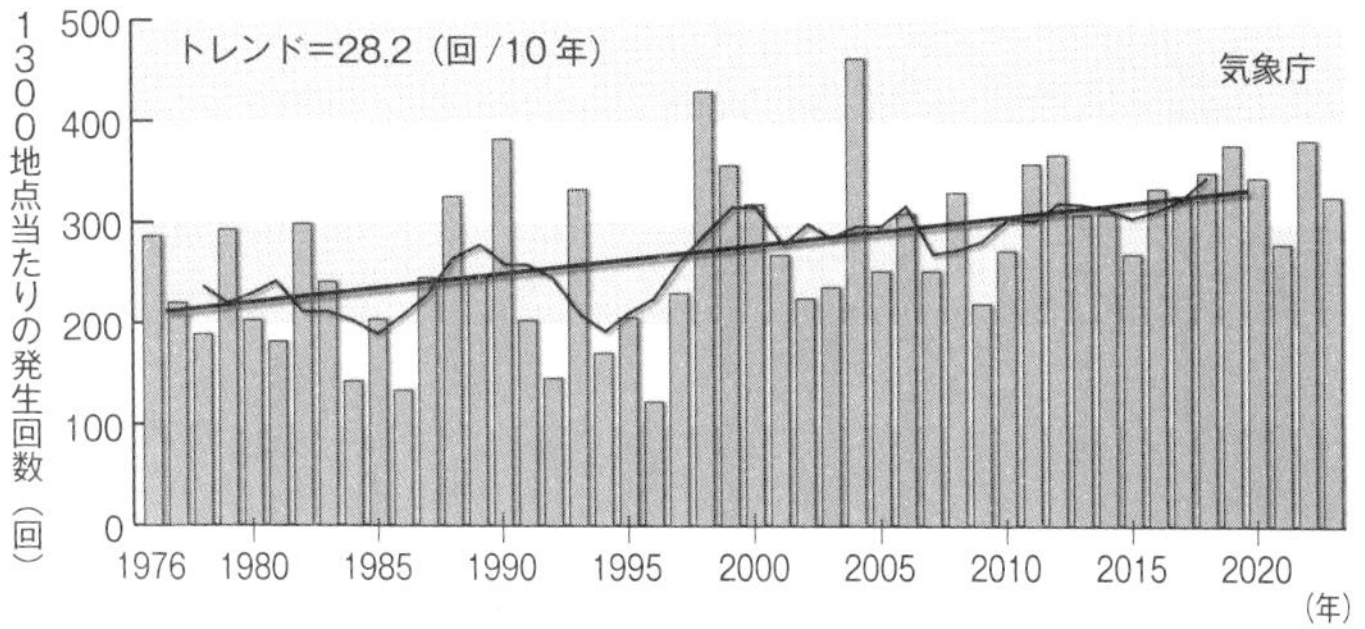

棒グラフ：各年の年間発生回数（全国のアメダスによる観測地を1300地点あたりに換算した値）、折れ線：5年移動平均値、直線：長期変化傾向（この期間の平均的な変化傾向）。

が階層構造をつくって帯状に大量の雨を降らせることが多いようです。

問題はゲリラ豪雨が、毎年のようにどこかで観測史上最高とか2番目、あるいは50年に一度と言われるような膨大な雨量をもたらしていることです。

水害の発生数は昔よりもはるかに減っています。ダムや堤防をはじめとした治水事業が進んだおかげで、昔なら水害が起きる程度の雨が降っても災害は起きません。しかし今は昔では想定できなかった大量の雨が短期間に降るために水害が起きるのです。

水害の発生は大量の雨ばかりではありません。一部はすでに問題が指摘され、これから問題が深刻化していくのは自然破壊を伴う太陽光発電や風力発電でしょう。

ＦＩＴと呼ばれる太陽光発電の電力固定買い取り制度が作られてから、日本では大量の太陽光発電施設ができました。その中には山をはげ山にしてソーラーパネルを並べた施設もたくさんあります。

誰でも想像がつくと思いますが、森林は大量の雨水を貯めてゆっくりと放出していく機能（緩衝能）を持ちます。森林の土が雨水を含んで保持するからですが、太陽光発電施設にはそんな機能はありません。降った雨の多くは地面にしみ込むことなく流れていきます。当然下流に流れる水量は増えます。

また、斜面が水を多く含むと崩れやすくなります。斜面に樹木や草が生えていると、地表近くに縦横無尽に根が張っていますから、少々の水を土に含んだところで崩れません。しかし、事実上はげ山となっている太陽光発電施設は土砂崩れを起こしやすくなるのは自明の理でしょう。

大都市にお住まいの方の中には「そんなことは山がたくさんある田舎の話で自分たちには関係ない」と考える人もおられるかもしれません。しかし、大都市住民の水まで汚染されるとなったら、考えは変わるのではないでしょうか？

◉産廃業者に狙われる中山間農地

日本の農地面積は、一貫して減少を続けています。農地を最も大きく減らした要因は、工場やショッピングセンター、あるいはマンションや住宅地、道路や鉄道などに転用されてきたからでしょう。こうした用途で転用される農地は、立地が良く、広い面積の平地で、大型機械が入って効率的な農業ができる、優良な農地でした。

その次に挙げられる要因は、耕作放棄地が農地の指定を解かれて山林や原野に戻されたことだろうと思います。

昔の日本人は、どうしてこんなところで農業をしようと思ったのだろうかと驚くほど、あちこちに農地を開拓しました。いわゆる千枚田がその代表格です。山の傾斜に沿って、水がうまく貯められるように小さく細長い水田を何十、何百と作っている風景は見事としか言いようがありません。

千枚田ほど見事なものではなくても、全国の農家は、ちょっとした場所があると全て農地化しようとしました。少しでも農地が増えると、その分収入が増え、豊かになれたからです。たとえば自宅裏の山にちょっと傾斜がゆるい場所があると畑にしたり、栗の木を植えたりして、少しでも実入りを多くしようとしていました。

そうして開拓され、維持されてきた、本来農業に不適な農地は、戦後少しずつ面積を減らしていきます。数としては大量ですが、広さが1～6畳程度の農地が多いため、全国レベルの農業生産に占める割合はわずかなものでした。

1960年代、高度経済成長が始まったあたりから日本では兼業農家が増えだし、成人男子は外に働きに出て、農地の管理はじいちゃん、ばあちゃん、かあちゃんがやる、いわゆる「三ちゃん農業」が行われるようになりました。それによって、メインにしている農地の管理で手いっぱいになり、山の斜面に開拓した小さな農地まで手が回らなくなりました。

そんな農地は、もともと農業に不適なこともあり、誰も代わりに耕作しようとしないので山林に戻ってしまいます。こうして農地の登録を外されていきます。

このような農地の減少は日本の経済成長に貢献したり、あるいは時代の流れでもあるので、いたしかたない面はあったかと思われます。

しかし農地の減少は、いたしかたないものばかりではありません。特に今も問題になり、今後も発生していくと思われているのは、産業廃棄物の捨て場所として狙われていることなのです。

地方の道路を走っていて、道路際に「処分場建設反対！」といった看板が設置されているのを見たことのある人は多いのではないでしょうか。これは産廃業者が近くに処分場を作ろうとしていて、地域住民が反対していることを示します。

多くの場合、産廃の処分場として狙われるのは、山間部の谷間になります。そこに産廃を捨てていき、谷を埋めていきます。

こうした処分場の中には、産廃で谷を埋めたあと、上を住宅地や田畑として、あるいはソーラーパネルを並べて発電所にして使えるようにすることもありますが、地域住民にとって何よりもイヤなのは、運悪く悪徳業者に当たったら地域が長期間にわたって深刻な被害をこうむる危険があるからです。事実、産廃処分場から汚染水が出てくるとか、土壌や地下水が汚染されたと言った話はあちこちで発生しています。汚染された水は地域の住民のみならず、下流に流れていき、大都市住民の飲料水などにも影響を与えます。

そんなわけで産廃処分場は地域の反対運動もあり、もともと作りにくいものです。もし、読者のみなさんが悪徳業者であった場合、どうやってこの障害をクリアして、産廃処分場を作ろうとされるでしょうか？

私だったら、企業が農地所有できるようになるチャンスをうまく利用するでしょう。まず農業をやると言って会社を作り、狙っている谷間の農地を全て買い取ります。農家としても、山の間に挟まれた小さな谷の農地は維持するのが負担になっていることも多いので、買ってくれる人がいるなら売ることになります。

とはいえ、すぐに全部買うことは無理ですし、農地を買っていく過程で集まっていく農地で農業を営みます。何年かすると谷間の農地を全て買い取ることができるでしょう。

そうして必要な農地を全て買い取ったところで、「農業をやってみたけどうまくいかなかった」などと言って農業会社を廃業し、産廃処分場にするわけです。

もしこれがリースだったら、行政は約束と違うと言って農地の返還を命令できますが、全て産廃業者の所有であれば私有財産権の侵害になるので、容易に手が出せなくなります。

産廃の処分場を作るには行政の許可が必要で、環境省令に定められた廃棄物の飛散や流出などがないように適切な措置をした施設でないと設置できないことになっています。しかし実際は、書類が整っていれば不認可にする理由がありません。言い換えれば行政側が「こいつ、悪さするかもしれないな」と不審に思っていても、認可しないわけにはいかないのです。だから各地で産施設の汚染問題が発生しています。

盤規制の打破を訴える人は、多くが善人なのでしょう。規制緩和をチャンスと捉えて、ずるを考える人がいることを想定していないように見えます。農水省が農地所有の規制緩和に慎重になるのは、既得権を守ろうとしているわけではないのです。

◉ＩｏＴによって劇的に生産性が上がっても、農家が足りなくなる

少子高齢化によって日本の人口が減っていくことは、よく知られています。計算の仕方にもよりますが、２０５０年には日本の人口は1億人前後まで減ります。その後も減少は止まらず、２０６０年には９０００万人を割りこむ見通しです。

日本の人口のピークは２００8年の1億２８００万人でした。65歳以上の高齢者人口は、２０４２年にピークを迎えたあと、数の上では減っていきますが、日本の全体人口も減っていくため、高齢者の比率は全体の4割程度で推移すると見られます。

こうした人口減少が続くと、30世紀には日本人はゼロになるそうですが、それまでにはまた増えることもあるでしょう。とはいえ今後数十年は、間違いなく人口の減少は続いていきます。

なかでも、農業人口は尋常ではないスピードで減少を続けています。終戦直後の１９４６年に農家人口調査が行われました。この時得られたデータは、総農家戸数約５６９万戸、農家人口３４１４万人、農業従事者数１８４９万人（専業者１４４７万人、兼業者４０２万人）でした。

年齢別基幹的農業従事者数（個人経営体）の構成（全国）

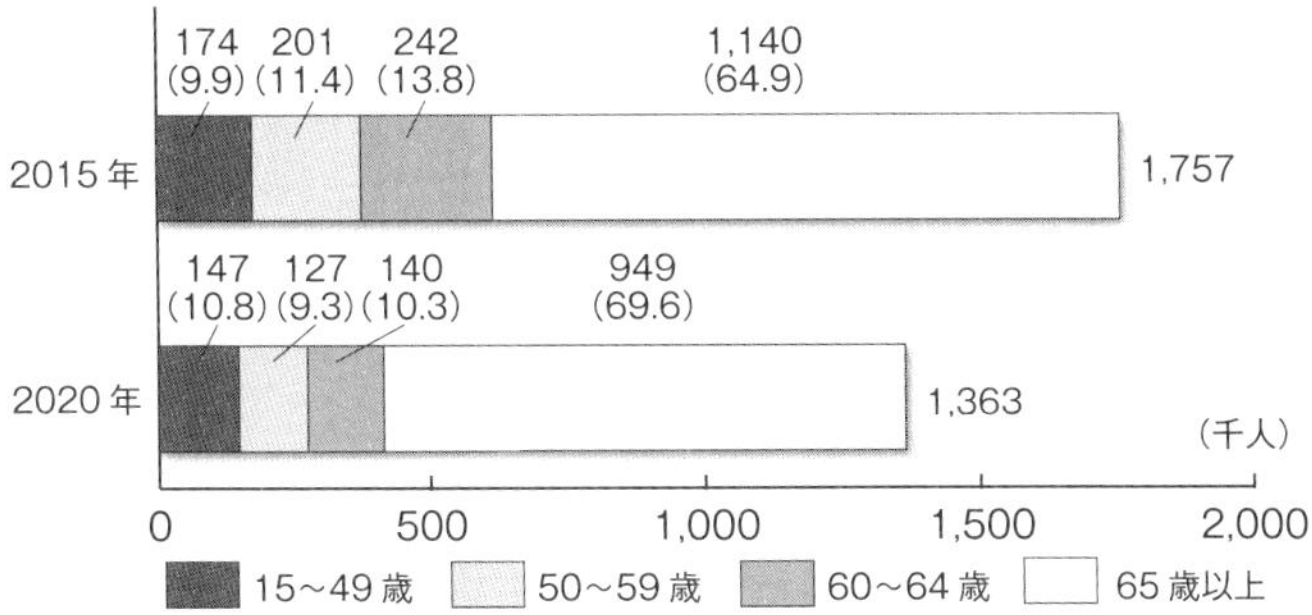

注：（　）内の数値は、基幹的農業従事者に占める割合（%）である

https://www.jacom.or.jp/nousei/news/2021/04/210428-51026.php

当時の日本の人口は７５００万人くらいだったので日本の人口の半分くらいが農家だったと言っていいでしょう。

それが２０２０年農業センサスによると、農業従事者は１５２万人まで減少しました。２０１５年には１９７万７０００人でしたから、直近の５年間だけでも約46万人減少しています。５年間で４人にひとりが消えた計算です。

農業従事者１５２万人のうち、農業を主業にしている「基幹的農業従事者」は１３６万人です。そのうち49歳以下は14万７０００人で全体の11パーセントほど。逆に65歳以上の高齢者は95万人ほどで全体の７割に達します。

農業人口が減ると何が起きるのかと言うと、耕作放棄地がドンドン増えることになります。たとえると、１年間に１００の仕事をする人たちに３００の仕事をしてくれと言ってもできないので、２００が耕作放棄されると言うことです。

とはいえ、こうした流れに対抗するテクノロジーも発達しつつあります。自動運転トラクターやドローンといったハイテク農機が２０１９年あたりから本格的に市販されるようになりました。

この機械の進化を私は第二次農機革命と呼んでいますが、革命と呼ぶには理由があります。ＩｏＴを使ったハイテク農機は無人運転が可能で、ひとりで同時に何台もの農機を操作できるからです。

これまでの農機は田植え機にせよコンバインにせよ、操作するには1台につきひとり以上のオペレーターが必要でした。実際は機械をフル稼働させるにはひとりで操作できる機械でもふたり以上必要なこともよくありました。たとえば田植え機はひとりで操作できますが、苗がなくなると補充しないといけません。ひとりで田植えをするとなると、苗がなくなれば取りに家に帰り、トラックに積み込んで持ってきて田植え機に装填《そうてん》する必要があります。この苗の運搬の手間はたいてい田植えする時間と同じくらいかかりますから、ひとりだと半日分しか田植え機を動かせないのです。そのためフル稼働させるには田植え機を操作する人と、苗を運搬する人のふたりが必要になります。

しかし、無人運転が可能なハイテク田植え機なら、機械が無人で田植えをしてくれている間に人が苗の補充をするために動けるので、ひとりでふたり分の仕事ができるわけです。

現状の機械の水準は、Ｗｉｎｄｏｗｓにたとえるとまだバージョン１・０段階です。まだまだ高価なだけで使い物にならないことも多いのですが、20年もすれば相当な威力を発揮してくれるところまで進化しているでしょう。そうした技術の支援を受けて、ひとりあたりの生産性は作物にもよるでしょうが、今の2倍、3倍程度は向上しているはずです。しかし、それでも農業に従事する人が足りなくなるのではないかという懸念を持つ人が少なくありません。なぜなら、大規模化した農家も高齢化して後継者がいないことも多いからです。

近年、集落営農と呼ばれる集落全体がひとつの農家として経営されることが増えているのは、行政の後押しもありますが、何よりも後継者となる専業農家がいない。いても70歳を超えていて、いつまでできるかわからない。そんなわけで地域の農地をまかせられる専業農家があればまかせてしまいたいが、そんな農家がいないから地域全体で営農せざるを得ないという事情があるからです。

大規模農家の中には、農業の生産性が上がってきているのだから農業人口が減るのは当然と言ってのける人もけっこうおられます。こうした発言は、言っていること自体は正しいのですが、だから安心だと言えないのは、前述の事情と、もうひとつの危機を見ていないからです。

もうひとつの危機とは、大規模農家は世間が思っているほど経営が盤石でないことです。

◉大規模農業は交付金漬け

岩手県北上市に西部開発農産という会社があります。同社は1986年設立で、2015年時点での耕作面積は800ヘクタールにもおよぶ、日本最大級の農業法人です。

同社は地域に点在する耕作放棄地や農業を辞める人の農地を借り受けることで規模を拡大し、米麦大豆、そばや野菜のほか、畜産も手がけています。

大規模であるだけでなく、自社の製品を使ったネットショップや飲食店を経営し、みそやそうめんなども作って販売し、六次産業化にも成功しました。さらにベトナムへ進出し、ベトナム産農産物を世界に輸出しようとしています。

日本農業賞など、大きな農業関係で表彰されることも多く、日本有数の成功した大規模農業法人だと言えるでしょう。

そんな同社の2013年の公表データを挙げます。

総収入（売上高＋交付金）　9億6000万円
うち売上高　5億1000万円
うち交付金　4億5000万円
経常利益　9600万円
従業員数　95名

同社のホームページによると、従業員数はすでに100名を超え、現在の経営規模は1000ヘクタールを超えています（ちなみに2022年度は売上高5億8900万円、交付金5億8900万）。

それはともかく、同社は当時から10億円ほどの収入がありましたが、そのうち47パーセントが交付金となっています。この交付金とは、コメの代わりの作物を作った時に面積に応じて支払われるものです。

言い換えると同社の躍進は、この交付金に依存しており、交付金なしには成りたたないと言っていいでしょう。

ここで交付金について説明しておきましょう。農水省や都道府県は、「水田フル活用ビジョン」という政策を推進しています。コメが過剰生産にならないよう、コメ以外の作物を作る農家に支援をしています。対象になっている作物には野菜もありますが、主なものは省力化で大規模生産が可能な、そして自給率が低い作物や、食用米の市場とかぶらない分野のコメが選ばれます。具体的には大豆や麦、業務用に使われる加工用米や、家畜に食べさせる飼料用米などがあります。

こうした作物は一般にコメよりも低い売上しか上げられないため、収入が減ることになります。そのため、コメから転換しても農家が損にならないように戦略作物助成や産地交付金などの名目で売上を補えるようにして、水田から人間が食べるコメを減らしていこうとしているわけです。

そのため単価の低いものほど多くの交付金が得られるようになっています。場合によっては、交付金だけで100パーセントの費用を賄うケースも存在するようです。

全てでもないのでしょうが、大規模な農業法人の多くは、そうした政策をチャンスとして上手に利用し、拡大を続けることができています。言い換えれば交付金がなければ大きくなるのは不可能だったと言えるでしょう。

かつて、農業は補助金漬けだと言われていました。日本には零細な農家が多く、それだけ多数の選挙の票を持っているので、政府自民党は彼らを生きながらえさせるために多額の補助金を出していると言った批判がよくされていました。

そうした批判が高まってきたため、現在では零細農家にほとんど国や県、市町村から補助金は

水田作経営（主業）における農業粗収入及び農業経営費
（水田作作付延べ面積規模別）

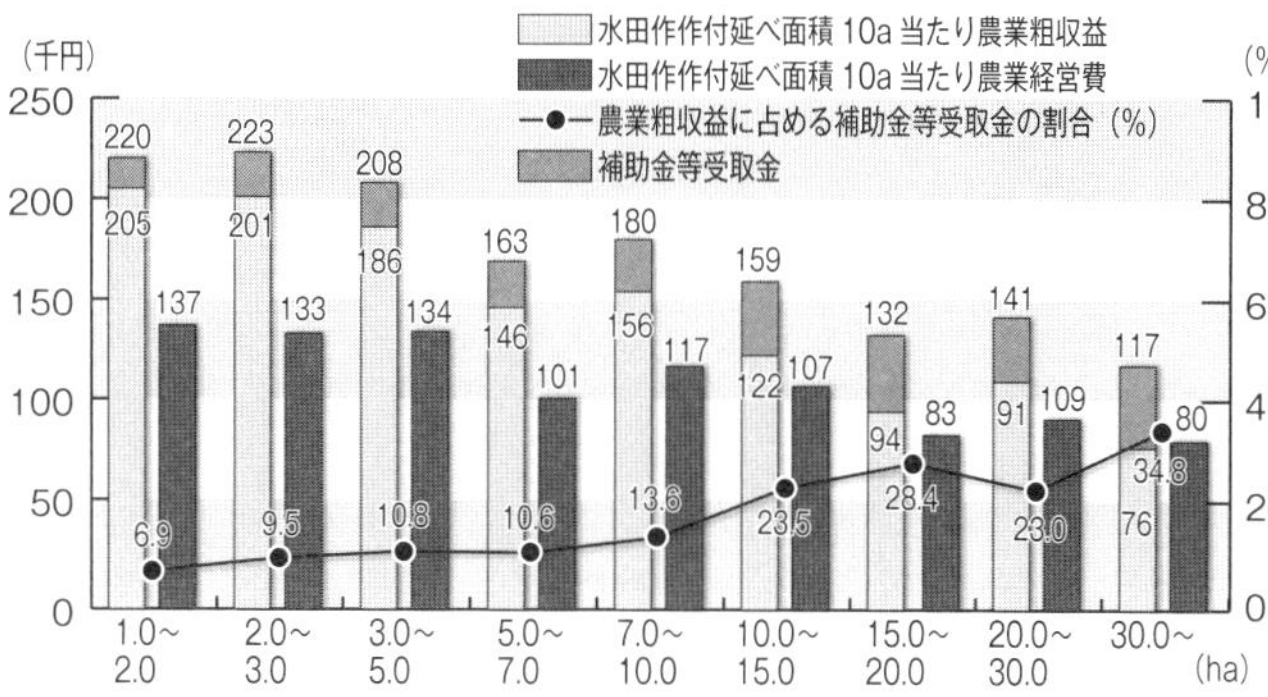

農林水産省「農業経営統計調査　平成30年　営農類型別経営統計（個別経営）」
出典：財務省「令和4年度農林水産関係予算について」

降りてきません。お金が降りてくるのは、大規模農家や大規模になろうとしている農家、そして六次産業化（農家が作物生産だけでなく流通や小売り、加工食品製造販売、飲食店などを行う複合経営化すること）、あるいはドローンなど最先端の農機を購入しようとする農家だけになっています。

そんな政策を推進していく背景には、農家が大規模になったら作物生産のコストが下がって、いずれ補助金などを出さなくても十分に経営していける農家ばかりになるという考えがありました。しかし、今起こっているのは、大規模農家ほど交付金漬けになっているという、当初の考えとは真逆の事態なのです。

先に記したように、西部開発農産という会社は日本有数の大規模農業法人です。コスト意識も高い会社で、コメの平均生産コストは岩手県平均の半分、コメや大豆の10アールあたり労働時間は、県平均より2割から4割少ないとのことで、決して放漫経営をしている会社ではありません。強い経営力をもつ、日本を代表する農業法人のひとつとして挙げてもいいくらいの会社です。

これほど大きく、これほどコストを厳しく管理する会社でも交付金がなくなると非常に苦しい状況になる。ということは、大規模化したら農業が自立できると思っている人の言うことが幻想であることを意味します。日本政府が財政危機に陥り、交付金が削減されたり廃止されたりしたら、即経営危機、ないしは倒産する……全部ではないかもしれませんが、その程度の経営状態でしかない大規模農家・農業法人も多いのです。

大規模農家を脅かす足音は、すでに聞こえています。近年中食・外食向けに使うコメの需要が拡大しています。これら業務用米はおいしくて安いコメが求められています。こうした業務用米は現在コメの販売量の4割ほどに達していますから、味の良い多収品種を指定して農家に作ってくれと依頼することも多くなりました。

たとえば、1反（約300坪）で510キロとれる一般品種のコメと750キロ取れる業務用米を比較してみましょう。飯米を30キロ袋ひとつ7000円とすると510キロだと17袋分ですから売上は11万9000円になります。

対する業務用米は750キロとれますから、30キロ袋25個分になります。これを業者が5000円で買い取るとすると農家の収入は12万5000円になり、一般品種のコメよりも高い売上になります。

単に安いだけなら農家も作りませんが、多収だと飯米よりも売上が上がることになるので、業務用米を作る農家も増えてきています。しかし、こうした流れが推し進められれば、いずれ飯米にも多収品種が流れ込み、供給過剰はさらに進むことになると想像するのは容易なことです。

◉ナチスに勝利したレジスタンスの挫折

前節で1000ヘクタールの日本の農業法人のことを書きました。ここまで書いて思うのは、経済の残酷さです。

日本で1000ヘクタールの農家（ないしは農業法人）と言えば、超大型と言ってもいいくらいの規模になります。しかし、アメリカでは2倍の2000ヘクタール（5000エーカー）規模の農家など掃いて捨てるほどとは言いませんが、普通にいくつも存在しています。しかも従業員は主に家族で、繁忙期にひとりふたり雇う程度で仕事が回ります。同じ面積をやるのに日本は何人雇わなければならないのか……

農家の才覚だけではいかんともしがたい面が多々あります。

そんな現実を見たところで、注目していただきたい政治家がいます。シッコ・マンショルトはEUの前身であるEC（欧州共同体）の父のひとりとして知られている政治家です。

1908年にオランダの社会主義者の議員兼農家の子に生まれました。熱帯農業の学校を出たあと、農業危機管理局に5年ほど勤めました。次にインドネシアのジャワ島にわたり2年間茶畑の経営をした後に帰国して、農家を続けました。その頃には父と同様、政治とのかかわりも深くなって、政党や公職の幹部になってもいました。

第二次世界大戦時にはレジスタンスとしてユダヤ人をかくまうほか、危機的状況にあった食料を確保するルートを構築するなど大活躍したことが知られていて、ドイツ軍が撤退すると請われてヴィーリンガーメア市の市長に就任しました。しかし市長就任後1ヵ月も経たない間にオランダ新政府に引き抜かれ、農業、漁業、食料供給担当大臣になりました。当時最年少の閣僚で、その後も政界で活躍し続け、最後にはEC欧州委員会の委員長にまでなりました。

マンショルトは、農業畑の人であると同時に戦時中レジスタンスとして食料確保に難渋していたことから、欧州全体を視野に入れた農業政策策定に熱心に取り組みます。第二次世界大戦時の食料確保はヨーロッパのどこでも大変でした。戦時中の飢餓への恐怖が欧州全体を覆っていたのを追い風にして、マンショルトは農家の経営と食料確保の安定に資するために大規模農業の推進と農業保護政策を推し進めます。このマンショルトの農業政策が、欧州の農業保護政策の原型となっているわけです。

マンショルトは、もともと社会主義者で左翼的思想の持ち主です。しかし、農業振興の発想は、いわゆる自由貿易主義者のものでした。欧州農業全体が大規模化し、それぞれの国がそれぞれ強い農作物を持ち共存していく……そうなると農産物価格も下がって国民は豊かになり、欧州外からの輸入がなくてもやっていける。もしも欧州産農作物が輸入農作物にやられそうなら規制や調整をすればいいと考えたのです。

とはいえ、現実は欧州各国の利害がぶつかり合うわけで、なかなかうまくはいきませんでした。そんなマンショルトにとって、おそらく想定外だったのは、戦後たった数年で欧州は農業生産量を増大させ、食料が余り始めたことではなかったかと思います。

フランスは余った小麦をイギリスやドイツなどに買ってもらおうとしましたが、断られます。当時カナダが小麦の大輸出国で価格もフランス産より安かったので断られたのです。困ったフランスは輸出に補助金を付けるようになります。

ヨーロッパは補助金による低価格を武器に食料を輸出することで農業を守ろうとしましたが、そのために低価格で食料が輸入できるようになった開発途上国では農業の発展が妨げられました。農業基盤が脆弱《ぜいじゃく》なのに、安い食料が入ってくると農家が儲からないので農業振興しようにもできないのです。

機械化によって生産性を上げられるようになると、機械の入りやすい地域の大規模農家の方が経営的に有利になり、そうでない地域の小規模農家は苦しくなります。また、化学肥料や農薬を多投するなどして環境負荷の高い農業が増えました。

余剰生産物に補助金を付けて安く輸出したり、農家が作れば確実に儲かる補助金政策を続けることは、大規模農家をますます栄えさせて、小規模農家は太刀打ちできなくなります。オーストリアのような山の多い国では、日本同様大規模化が困難である地域を多く抱えているため、生産性をあげることに無理がありました。その上、観光やレクリエーションの場として農村の景観や文化をオーストリア人は高く評価しており、失いたくないので反発もされました。

農家の中でもマンショルトに反発する人も出てきて、ブリュッセルの事務所に乗りこんできた農家に脅迫されるようなこともあったようです。

自分が善かれと思ってしたことが、農家を困らせ、自然にも相当なダメージを与えてしまった……後悔したマンショルトは晩年急進的な環境活動にとりくみながら、生涯を終えました。

マンショルトは社会主義者であったにもにかかわらず、農業振興の手法は、自由貿易主義者のそれだと書きました。これはどういうことかというと「欧州農業全体が大規模化し、それぞれの国がそれぞれ強い農作物を持ち共存していく……そうなると農産物価格も下がって国民は豊かになり、欧州外からの輸入がなくてもやっていける」とする考え方が基本にあるからです。これは、デヴィッド・リカードという経済学者が考えた比較優位という考え方です。

◉自由貿易は環境に、人に優しいのか

イギリスとポルトガルでぶどう酒と毛織物を作るとします。生産量は両国とも同じ1単位で、ぶどう酒、毛織物1単位を生産するのに、イギリス、ポルトガルは上記の人数が必要です。

ポルトガルはイギリスが120人で作る量のぶどう酒を80人で作ります。毛織物もイギリスが100人で作るところをポルトガルは90人で作ってしまいます。どちらもポルトガルの方が安く作れます。したがってポルトガルは対イギリス貿易ではポルトガルが一方的に輸出する国になりそうです。これを絶対優位と言います。

これに対し、リカードは比較優位と言う考えをひねり出しました。比較優位とは、最強とは言わないが、わりと強い分野に力を集中したら優位に立てることを言います。

	ブドウ酒	毛織物	計
ポルトガル	80（1）	90（1）	170
イギリス	120（1）	100（1）	220

ぶどう酒の場合、イギリスとポルトガルの生産性の差は１２０対80で１・５倍の差があります。しかし毛織物は１００対90で１・１倍程度しか差がありません。

するとこんな仮説が成りたちます。

もし仮にポルトガルが毛織物をつくるのをやめて90人いる労働者を全てぶどう酒作りに投入したとすると、ぶどう酒の生産量は80人から１７０人に増えるので２・１２５倍のぶどう酒が作れます。そしてイギリスがぶどう酒を造るのをやめて毛織物に全労働者を投入すると、１００人が２２０人になるので２・２倍の生産ができることになります。

	ブドウ酒	毛織物	計
ポルトガル	170 (2.125)	0（0）	170
イギリス	0（0）	220 (2.2)	220

ポルトガルとイギリスが別々にぶどう酒や毛織物を作っていたら両国ともぶどう酒1単位、毛織物1単位しか作れませんでした。しかし、こうやって仕事を分担すると、両国は今の労働力で2倍以上の生産物を得られるのです。そしてポルトガルはイギリスにぶどう酒を輸出し、イギリスはポルトガルに毛織物を輸出すればお互い儲かり、めでたしめでたしとなるという理屈です。

こうして国際的に仕事を分担すると、お互いにメリットがあるから貿易を自由化しましょうというのが、自由貿易の根底に流れている考え方です。

リカードがこういう理屈を作り出したのには、当時の資本家の利害がからんでいました。１８１５年にナポレオン戦争が終わると、イギリスの地主階級

（ジェントリー）は政府に穀物法を制定させました。戦争が終わって社会が安定すると大陸から安い小麦が入ってくるので、国産小麦を売っている自分たちの儲けが減ります。それはイヤだと言うことで「1クォーター80シリング以下の小麦は輸入禁止」ということにしました。

これに対し、産業革命の担い手として商工業を仕事にしていた資本家たちは反発します。資本家は雇っている労働者たちに食べていけるだけの給料を払わないといけませんから反対したのです。

安い小麦が輸入できるようになったら、その分、労働者に払う給料を減らせる。すると自分たちはもっと儲けられるようになる。そう考えた資本家たちは、リカードの言うことに飛びついたというわけです。

現代も事情は同じです。円高によって多くの日本メーカーが海外に出ていったのも、欧米のメーカーが中国や東南アジアに工場を造ったのも、安い人件費を求めてのことでした。日本のいわゆる識者たちが、日本のメーカーが円高に苦しんでいる時に「外国製品が安く入ってくる」として少なからず国民レベルではよいことだとしていたのも同じ理屈です。説得力を上げるため、日本のコメは外国の何倍も高いとよく言われていたのをご記憶の方も多いでしょう。

話を戻します。資本家たちは、パンが安くなると言って労働者を味方にし、地主たちに対抗しました。ジャガイモ飢饉《ききん》が発生し食料供給が悪化したこともあったのでしょう。1845年穀物法は廃止されます。

穀物法廃止に見られるように、自由貿易は、基本的に強者の論理で進められます。特に産業革命によって「世界の工場」と呼ばれるようになったイギリスは世界一の強者でした。

水力紡績機が発明され、大量生産が可能になったイギリスで作られた綿製品（コットン）は、綿の大産地であった植民地インドにも強制的に輸出されたため、インドの綿産業は大打撃を受けました。インド独立の父、マハトマ・ガンジーが糸車を回す写真が有名なのは、そうした強者の論理に抵抗する姿を象徴するからです。

自由貿易論者と反自由貿易論者との論争は、国家間の争いとともにその後も続きます。そして第二次世界大戦前、反自由貿易論者がもっとも力を持つようになる事件が発生します。

1929年、アメリカ・ウォール街の株価大暴落（ブラックチューズデー、暗黒の木曜日）です。これによって世界中が大恐慌に陥りました。アメリカは自国農業を保護するためスムート・ホーリー関税法を制定し、輸入品に高関税をかけ、それでもダメな場合は輸入制限を行いました。これが他国の反発を買い、世界各国が保護貿易を推進していくことになります。

そして作られたのがブロック経済と呼ばれる経済体制です。アメリカドル、フランスフラン、ドイツマルク、イギリスポンド、そして日本の円を使う経済圏が作られました。こうした閉鎖的で保護主義的な経済体制は、大恐慌によって発生した不況からの回復を遅らせた上に、ブロック間の摩擦も強めて第二次世界大戦を引き起こす原因のひとつとなります。

第二次世界大戦の被害は、人類史上最大級のものになりました。人類は保護貿易の継続はやがて戦争になると知り、自由貿易を推進しようとするようになります。そんな考えで作られたのが、1948年に発効したGATT（関税及び貿易に関する一般協定）です。

自由貿易の推進は、世のため人のためになるという考えが一般的になりました。しかし完全な自由貿易を行うことに多くの国が嫌がりました。なぜなら、各国には自分たちの思い描く国の姿があり、自分たちがありたいと思う姿と、自由貿易は対立することがよくあったのです。

特に農業は問題になりやすい産業でした。世界中、どこの国も農業を重要視していました。食料安全保障と言われることが多いですが、自国の食べ物を全て自国で生産していたら、他国とトラブルになって「食料を輸出しない」と言われても平気です。

また、それぞれの国の風景は、農業が多くを形作ります。アメリカのどこまでも続く麦畑やトウモロコシ畑、スイスの山々で行われる牧畜がなくなることは、それぞれの国にとって堪え難いことでした。あまり農業のイメージがない、金融が主たる産業であるシンガポールのような国でも、農業がなくなるのは嫌なようで、農業振興に余念がありません。

そのため、自由貿易は正しいと公言しつつも、保護主義的な農業政策を行うことはあっちこっちで行われていました。たとえば国内産の作物を輸出しようと考えたものの、国際価格より高く

て売れないなら、先に挙げたように輸出補助金を出して農家が国際価格で売れるようにすると
いった方法がとられたりしました。

そんなことをしていたら自由貿易にならないじゃないかと言うことで、自由貿易を推進する国際貿易機関で長年議論と調整が行われています。口では自由貿易を推進すると言いながら、どうやってごまかすか？ 国際的な反発を招かない形で国内農業を保護するのか？ そんなことを考える各国が利害をぶつけ合う場がＧＡＴＴなどの国際貿易機関なのです。

個人的にはＴＰＰ（環太平洋パートナーシップ）などの現代の自由貿易協定を見ていると、これはかつてのブロック経済の焼き直しではないかと考えたりもしますが、それはともかく、そんな歴史を見ていると思うのです。確かに自由貿易は世界の誰もがより良い暮らしを行うためには必要だし、正しいのでしょう。しかしそれを農業に適用するのは適切なのでしょうか？

完全に適用すれば、コスト競争で不利な国の農業はなくなり、低コストでできる国の農業が残ります。低コストでできる国はどんどん増産して農地が足りなくなると森林を伐採して農地を広げていきます。ＦＡＯ（国連食糧農業機関）の世界森林白書によれば、２０１０年から２０２０年にかけて減った森林面積は年平均４７０万ヘクタールで、日本の農地面積に匹敵する面積の森林が毎年失われています。ラテンアメリカやアフリカといった熱帯・亜熱帯地域の森林減少の実に７割以上が農業開発によるものなのです。言い換えれば、自由貿易を突き詰めていけば農業に

よる自然破壊は止まりません。使える既存の農地が十分にあっても、コスト競争に耐えられなければ使われなくなり放置されるからです。

地球にまだ未開拓のフロンティアがふんだんにあるなら、そうした方法をとるのも良いかもしれません。しかし、これ以上の森林の減少を止めたいなら、より安くするためにこれ以上農地を開発していくべきか、問われる意味はあるでしょう。

◉大勢に流されない国、スイスの農業政策

自由貿易に農業が翻弄されている時代に、注目すべき国があります。スイスです。スイスが永世中立を標榜《ひょうぼう》しているのは有名で、EUにもNATOにも加盟しておらず、加盟する予定もありません。それゆえ、独自の農業政策を他国に遠慮なく行うことができる国でもあります。

スイスは山国で昔から牧畜が中心で、作物があまりとれる国ではありませんでした。そのため多くのスイス人は外国に出稼ぎに行かなければ食べていけませんでした。出稼ぎの中で最もポピュラーな職業は傭兵《ようへい》で、まさに命がけの仕事でした。雇われた先が敵同士であったら、共に生まれ育った兄弟が敵となって殺し合いをしなければならなかったこともありました。

そのスイス、現在は世界でも有数の農業保護政策を実践しています。スイス公共放送協会が自国を紹介する、スイスインフォという日本語のホームページがあります。2015年に書かれたスイス農業のページを要約するとこんな感じになります。

◉スイスの農地の4分の3は草地と牧場で、穀物と野菜は低地で作られるのみ。作物を作る農家は全体の3分の1。他国と同様スイス農業も危機に瀕《ひん》している。伝統的な小規模農家は存続不可能になって兼業化している。
◉スイスの農家は年額25億フラン（約2300億円。当時のレート）を政府から直接支払いとして得ている。納税者は年額40億フラン（約3600億円。同）を負担している。
◉国内で反発がないわけではないが「スイス政府は自国の農業を手厚く保護してきた。これは市場の成り行きに任せて状況を悪化させたEU加盟近隣国とは対照的だ」

(https://www.swissinfo.ch/jpn/農業/31323448)

こうした記述から、スイスは自国の農業保護政策を誇りに思っていることがわかります。そのためにどれくらい農業関係の支出をしているのでしょうか？

スイスの農業人口は15万人程度。直接支払いとして25億フランを支出しています。ひとりあたり平均1万6700フラン程度の直接支払いを受け取っている計算になります。現在の日本円に換算すると270万円程度になります。

スイスで労働者の平均月収は、同じスイスインフォを見ると中央値が6200フランで、今の日本円換算にすると99万2000円です。

ここで注意すべきは、1農家あたりの金額ではないということです。農業労働者ひとりあたりに出しているわけですから、夫婦でやっているなら2倍、おじいちゃんおばあちゃんもやっていれば最大4倍程度の収入になるでしょう。また平均270万円程度渡していると言っても、これはあくまで平均値です。スイスインフォによれば20ヘクタール以上を耕す同国では大型の農家も増えてきているのですが、そういう農家は平均よりもはるかに多額の直接支払いを受けているはずです。直接支払いは条件の悪いところほど高額の支払いになるのが通例ですが、条件の良いところで低額支払いしか受けられないにしても、広ければそれなりに多額になるはずです。年間1000万円、2000万円……あるいはもっと多額かもしれません。

「農家は補助金だけで食える」みたいな報道がされると、日本では農家が悪者扱いされます。スイスでも悪者扱いする人はそれなりにいるのでしょうが、多くは「それが当然」と思っているようです。そうでなければ、こんな政策を政府はとれません。長く傭兵で食わざるを得なかった歴史が、こうした国民意識を生んでいるのかもしれません。

これと同様のことを日本でやるとどうなるか？　スイスの人口は870万人です。日本の人口を1億2000万人とするとスイスの13・8倍になります。直接支払いに使われる25億スイスフランを13・8倍すると345億スイスフラン。納税者の負担は同じ計算で552億スイスフランになります。

２０２３年の為替レートを参考に１スイスフラン１６０円として換算すると、直接支払いとして農家にわたすお金は5兆５２００億円。納税者負担は８兆８３００億円を超えます。

ちなみに２０２４年度の日本の「水田活用の直接支払交付金等」は３０５０億円。農水省の予算は約２兆８０００億円でした。

こうして比べると、とてもじゃありませんが、日本はスイスのまねはできないでしょう。スイスの対ＧＤＰ比の政府債務残高の割合は30パーセントほどで、ヨーロッパで最も少ない部類に属します。他国だったらとうの昔に破綻しているであろう、膨大な財政赤字を抱えている日本で同じことができるとは思えません。

◉識者はいったい何を見ているのか?

この章の最後は、そんな危機的状況にある農業について、いわゆる識者がどんな目で農業を見ているのかについて、国家戦略特区・養父市を例に挙げて解説します。

2020年12月21日、首相官邸で開かれた「国家戦略特別区域諮問会議」と「規制改革推進会議の議長座長」の合同会議が行われました。この会議では、国家戦略特区に指定された兵庫県養《や》父《ぶ》市が、一般企業が農地取得のできる5年間の特例措置が2021年8月末で切れるため、特例を続けるかやめるかが話し合われました。

委員の多くは、養父市の特区指定は成功したとして特例の継続と全国展開を求めました。野上農水大臣は養父市の取り組みを応援するため特例延長は認めました。しかし養父市以外に特例措置を求める自治体がない等の理由から、全国展開を拒否したのです。

私の見る限り、マスメディアの論調も、養父市の特区は成功していると考え、全国展開しないことを批判するものばかりでした。ここで養父市の実績を見てみましょう。

この会議で示された養父市の実績資料は以下の通りです。

国家戦略特区における企業の農地所有特例（養父市）について

◉平成28年の特区法改正により、企業の農地所有特例が導入された。

◉養父市においては、法改正前は、16社がリース方式で農業に参入していた。

◉法改正後は、上記16社のうち4社が農地を取得。さらに7社が新規に参入し、このうち農地を取得したのは2社。（→あわせて6社が農地を取得）

◉この6社が所有している農地は合計1・6ヘクタール。6社の経営する農地面積の約7パーセントであり、残りはリース方式。また、6社のうち4社は規模拡大しているが全てリースで対応。

◉6社のうち1社は平成31年3月から休業中。リースは全て解約。所有地は農業利用されていない。

特区法改正とは関係なしに、以前から養父市に進出していた16社の半分以下の7社しか進出してきていないのに加えて、特区のメリットである農地の取得は兼業農家1戸分程度で、ほとんど進んでいないと言っていいでしょう。普通に考えれば、明らかな失敗です。

もともと国家戦略特区は、規制改革の一環として行われました。いわゆる岩盤規制を撤廃すれば、新しいビジネスがどんどん立ち上がっていき、経済が活性化すると考えて行われたものです。

養父市の国家戦略特区指定も、一般企業に農地の取得を認めれば、どんどん企業が進出してきて農地を所有し、企業的農業を始めることが期待されていたはずです。そして多くの企業が農業で成功し、養父の農業企業で働きたいと多数の若者が定住してきて過疎が解消されていく……政府も養父市もそんな夢を特区に託したのでしょう。

しかし実際はどうだったか？　進出企業の数はわずかで、企業が農地を得るにしても、リースが主体で所有もわずか。規模拡大しても農地は所有せず、リースで拡大する会社が圧倒的に多い。これでは企業に農地所有のニーズがあるのかどうか、疑問と言わざるを得ません。

養父市と同じことをしたいと政府に訴えてくる自治体がないのも、今回の決定の理由になっていますが、私と同様のことを多くの行政関係者が考えていたのだろうと思います。

逆に企業の立場から考えてみましょう。企業は農業で成功することはそう簡単ではないことを知っています。成功例も多数ありますが、失敗例も負けないくらいたくさんあります。そんな状況下で、成功できるだろうかと不安を抱えている企業は、うまくいかない時は容易に撤退できるようにしたいものです。そうなると農地は所有するよりも借りるのが得策と言うことになりま

リースによる法人の農業参入の実績

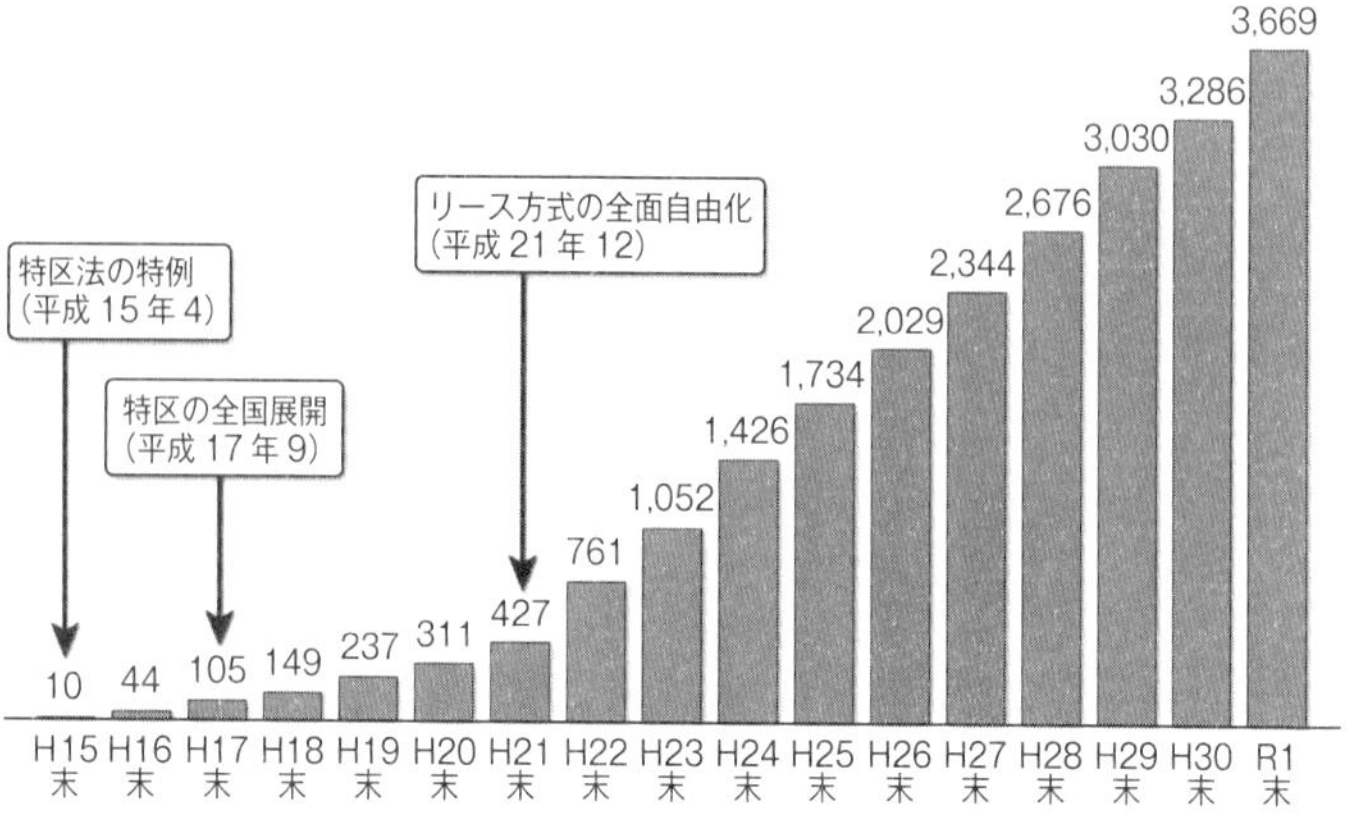

農林水産省　農地所有適格法人について　令和元年12月

す。ここで根を下ろしていこうと企業が決心するには、5年という期間は短すぎるのかも知れません。

そこで比較したいのは、平成21年に自由化された法人のリースによる農業参入の実績です。リースによる農業参入は、平成15年に特区法の特例として認められ、17年に特区の全国展開がなされ、21年に全面自由化されます。

平成15年に参入した法人は10社程度に過ぎませんでしたが、全面自由化される21年12月までに４２７社が参入、自由化後は8年で7倍の３０３０社まで参入が増えました。特例が認められてから全国展開がなされるまでの2年だけでも参入する会社は10倍、１００社に増えています。

リースによる農業参入は、これだけの実績が出ました。養父市の国家戦略特区指定は、このリースによる自由化の成功を踏まえた政策の、延長線上にあります。

しかし養父市の場合も農地は主にリースが選ばれ、企業が耕作している農地のうち企業が所有しているのは7パーセントに過ぎません。これでは企業に農地所有のニーズがないと判断されても仕方がないでしょう。

にもかかわらず、国家戦略特別区域諮問会議のメンバーは、これを失敗と認めず、マスコミも同調し「岩盤規制」だの「利権」などと関係のないキーワードをちりばめて農水省を猛批判していました。

農政も時代によって移り変わりはあるのですが、企業の農業への進出など、もう30年以上前から言われていたことで、農水省がその間どんなことをしてきたのか農水省のホームページに書いてあります。また諮問会議のメンバーにも事前に説明しているはずです。

私のような農政の素人がちょっと調べただけでわかる現実が見えていない、見ようとしないのが諮問会議のメンバーだと言えるのではないでしょうか?

「識者」がこんな状態で、そんな識者に迎合するマスコミが多数存在する中、我々は活路を見いだせるのでしょうか?

第2章

SDGsと食料安全保障

2017年、モンサント中央研究所にあったディスプレイ。世界人口が365日で日本の人口分増えることを示す

◉ＳＤＧｓとみどりの食料システム戦略

ＳＤＧｓ（持続可能な開発目標）が国際的に関心を集め、現実に実行されつつあります。外務省のホームページにある説明によると

２００１年に策定されたミレニアム開発目標（ＭＤＧｓ）の後継として、２０１５年９月の国連サミットで加盟国の全会一致で採択された「持続可能な開発のための２０３０アジェンダ」に記載された、２０３０年までに持続可能でよりよい世界を目指す国際目標です。17のゴール・１６９のターゲットから構成され、地球上の「誰一人取り残さない（leave no one behind）」ことを誓っています。ＳＤＧｓは開発途上国のみならず、先進国自身が取り組むユニバーサル（普遍的）なものであり、日本としても積極的に取り組んでいます。

というものになります。達成できたらすばらしい世界ができるように思える目標が掲げら

れています。ミレニアム開発目標（ＭＤＧｓ）はあまり注目を浴びず、持続可能な開発目標（ＳＤＧｓ）が大きな注目を浴びるようになった理由は定かではありません。気候変動（地球温暖化）への危機感が高まったからかもしれませんし、資本主義に終わりが見えてきたという言説が広まってきているせいかも知れません。新しいビジネスチャンスとして捉えられている面は間違いなくありますし、国際的利権がからんだ思惑のようなものも見え隠れしています。

個人的には、ここにあげたものだけでなく、多くの思惑、あるいは理由が複雑に絡み合ってＳＤＧｓブームが起こっているのだろうと考えていますが、ここではブームが起こった原因には立ち入りません。

拙著はＳＤＧｓを念頭に置いている農水省の今後30年の農業改革案である「みどりの食料システム戦略」がどこまでできるか、できないか、あるいはもっとよくするにはどうすべきかを論じます。

みどりの食料システム戦略は膨大な文書で、資料を含めると２００ページ近い量になります。実際読んでみると、今後予想される農業関係の技術進化を念頭に置きつつ、なんとかできそうなことは全て書いたような印象を受けます（https://www.maff.go.jp/j/kanbo/kankyo/seisaku/midori/index.html#sakutei）。

とはいえ、内容が濃いことと、現実にできるのかは別です。農水省もそのあたりはわかっているはずです。中には国際的な潮流や政治からの要請で無理に作った目標ではないかと考えられる部分も見受けられますが、本著では大きな論点になるところを見ていきます。

◉SDGsとは経済に美意識を持ち込むこと

SDGsの本質とは何でしょうか？　大上段に構えれば、私は資本主義の論理に一種の美意識を持ち込むことだと考えています。我々は、モノやサービスを買う時、出せる金額で良い製品を、できるだけ安く買おうとします。これは消費者として誰もがやっていることで、特に問題があるわけではありません。しかし中には、こうした論理とは違う消費をする人たちがいます。典型例はフェアトレードでしょう。

NPO法人フェアトレード・ジャパンによれば、フェアトレードとは、「開発途上国の原料や製品を適正な価格で継続的に購入することにより、立場の弱い開発途上国の生産者や労働者の生活改善と自立を目指す『貿易の仕組み』」のことを言います。

フェアトレードは当初コーヒー豆から始められたと記憶していますが、要はこういうことです。開発途上国の零細コーヒー生産者は大きな販売力を持つ大企業などから生産物を買い叩かれて、生きていくのにギリギリの収入しか得られず、どんなに努力しても豊かになれない。それでは世のため人のためにならないので生産コストと十分な利益が出る価格でコーヒー豆を買う。こんな経済活動がフェアトレードです。

フェアトレードは単に商品を高く買うだけでなく「プレミアム」と呼ばれる地域課題を解決する資金も提供し、高品質の農産物を作るための機械購入やトレーニング費用に使われたり、学校や医療機関などインフラ整備などに使われます。フェアトレードの認証を受ける生産者は年々増え続け、2019年には190万人に達しており、そのうち9割が農業生産者でした。

フェアトレード認証を受けたコーヒー豆を買う人たちは、自分がコーヒー豆を安く買うことよりも、自分がコーヒー豆を多少高く買うことで開発途上国の人たちが豊かになることを優先する人たちです。彼らがフェアトレード商品を買う理由は、さまざまでしょう。自分が豊かになるだけの消費には満足できないのかも知れません。あるいは少しでも社会貢献につながることをしたいと思ってのことかも知れません。しかし間違いなく言えるのは、彼らが消費に美意識を持っていることです。

こうした美意識を持つ消費行動は何もフェアトレードだけではありません。今、電気自動車（EV）を買う人は、ほとんどの人が美意識に突き動かされて買っていると思われます。まだまだ高価で航続距離が短く、外出先で充電しようとすると何十分と時間がかかる。充電場所に先客がいたら、さらに何十分待たないと充電すらできない。そんな不便なクルマを買う動機は、ガソリン車よりも電気自動車に乗るべきだと考える美意識があるからでしょう。

アマゾンが本のネット通販で大きな売上をあげるようになると、ネットには「本はアマゾンで買わずに地元の本屋さんで買う」という発言が少ないながらも見かけるようになりました。多くの場合、地元の書店ではなくアマゾンで買った方が便利であるにもかかわらず、彼らが地元書店で本を買うと宣言したのはなぜでしょうか。アマゾンに売上を奪われた地元の書店がなくなるのを恐れたからです。地元の本屋さんの売上に少しでも貢献することで、地域から本屋さんがなくならないよう支えたい美意識から、彼らはアマゾンより不便でも地元の書店から本を買おうとするのです。

実際は、そんな美意識を持つのはなかなか大変です。我々の多くは、ちょっと油断すれば、すぐに収入より支出が多くなる程度の所得しか得ていません。そのため、買い物をする時にはコストパフォーマンスの良いものを買おうとします。少ない所得でできるだけ良い生活をしたいと思うと、そうするのが適切だからです。

しかし美意識を持てば、自覚してコスパの悪い商品を買ったり、わざわざ不便なサービスに甘んじたりしなければなりません。所得が一緒なら、自分の生活水準、あるいは生活の質を自分の意思で下げることになります。

少数民族を弾圧したり、貧困層の人を安くこき使って輸出してくる国やメーカーの製品は買わない。高くついても、そうではない商品を選ぶ。マイカーとしてEVを選ぶなら充電インフラが整っていない地方にクルマで遠出することはあきらめて、鉄道など、他の交通手段を使って行くということです。

◉日本の国益と、世界のキレイゴトにやられないように

ここから先、私が書いていくことを申し上げます。ＳＤＧｓを推進するとは、我々が世のため人のためになる生産活動や消費をすべきという美意識のために、コスパが悪く、不便に甘んじることを自らに課し、そうした思想と行動を社会の常識とすることとです。

ただし、馬鹿正直にコスパが悪く、不便に甘んじてはなりません。国際社会は自分たちが世界のイニシアチブを握ろうとする国や企業でいっぱいです。彼らは変化をチャンスと捉え、変化した世界で自分たちが主導権をとろうと躍起になっています。

ヨーロッパやアメリカが電気自動車（ＥＶ）を推進するのは、トヨタを始めとした日本の自動車メーカーに自国のメーカーがどうしても勝てないので、市場のルールを変えて自分たちが勝てる可能性をつくろうとしている、とはよく言われます。欧米の知識人やインフルエンサーの多くは、こうした考えを否定して「地球のために」とか「人類の未来のために」とか言いますが、自分たちが脅威だと思う相手の足を引っ張るため、自分たちに有利なルールを作るのが彼らのやり

かたです。

50歳以上の方なら80年代、F1レースでホンダが圧倒的に強かったのが面白くなかった主催者FISA（現FIA。国際自動車連盟）がレギュレーション（ルール）を変更したり、アメリカ通商代表部（USTR）がマイクロソフトの脅威になり得ると考えた日本開発のパソコンオペレーティングシステムであったB-TRONを潰しにかかったことを覚えておられる方も多いでしょう。

こんなことを言うと、日本は国際的なルールを作るのが苦手だとしり込みする方がいらっしゃるかも知れませんが、それは間違いです。

私の知る例として、日本が世界市場のルールを作った例はあります。時計メーカーのセイコーです。セイコーが世界最初にクオーツ腕時計を作って世界を席巻《せっけん》し、当時世界一だったスイスの時計産業に壊滅的な打撃を与えたのは「クオーツショック」と呼ばれ、世界の時計史に残る大事件でした。しかし、セイコーは電気で動く腕時計を最初に開発したのではありません。

1957年、電気で動く時計を世界最初に作ったのはハミルトンでしたが、世界を制覇するであろうと予想された電気式の腕時計を作ったのはブローバです。1960年、ブローバが音叉《おんさ》式腕時計を開発します。音叉式腕時計は、機械式時計とは比べ物にならない高精度を叩き出しました。そのため当時、近い将来機械式時計はすたれ、みんな音叉時計になると考えられていました。

しかしブローバは音叉時計の特許を独占し、他社に供給しませんでした。対するセイコーは1969年クオーツ腕時計を作ると、積極的にクオーツ時計のムーブメントを他社に供給します。シチズンもこれに続きました。そして世界を制するはずだったブローバの音叉時計を打ち負かし、スイスメーカーの多くを倒産や休眠に追い込み、日本メーカーは時計業界の覇者となったのです。失策に気がついたブローバも他社にムーブメントの供給をしましたが、遅きに失しました。ブローバは今ではシチズン系列下の時計メーカーとなっています。

IBMがマイクロソフトのOSで動くPC互換機を他社が作るのを認めて世界を席巻する前に、日本の時計メーカーが似たようなことを先んじてやっていたわけです。ひょっとしたら、IBMはセイコーに学んだのかも知れません。

我々がやらねばならないのは、SDGsという金科玉条を振り回して覇権を握ろうとする人々に対抗し、日本の国益を守ると同時に、実効性のあるSDGsを推進することです。

◉2050年、予想される未来

2050年ごろ、世界の人口は100億人前後になると予想されています。2050年以降は、それ以上人口は増えず、ゆるやかに減少していくとみられます。最も人口が減らないケースは、国連の予測で2080年に104億人でしょうか。現状維持がやっとです。これ以降は、世界中が日本と同様、少子高齢化の時代に入ります。人口大国である中国もすでに人口減少、少子高齢化の時代に入ったようですし、現在世界一のインドの人口も2040年ごろにピークに達し、その後は減っていくとみられています。

したがって、これまで言われてきた、人口増加によって食料危機が起きるかもしれないという懸念は、2050年ごろになると解消される見込みです。

「いや、そんなことはない、今でも世界には飢餓で苦しんでいる人がいる」と反論される方は、1998年にアジア人初のノーベル経済学賞をとったアマルティア・センの著作を読むことをおすすめします。乱暴に要約すれば、センは現代の飢餓は食料不足によって起きるのではなく、政治的・経済的に食料を確保できない人たちが飢えると言っています。その通りだと思います。世界有数の経済大国の日本で餓死が発生するのは、まさしく政治的・経済的に食料を確保できないからにほかなりません。日本の場合では、生活保護の受給を自ら断ったり、行政から拒否されるなどした人しか餓死することはありません。

話を戻します。とはいえ2050年あたりまで人口は増え続けるので、食料需要も当然増え続けるわけですから、増産の努力を怠ることはできません。

しかし、その後、人口は横ばい、ないしは緩やかに減少していくので、新しい農地の開拓は事実上必要なくなります。農作物の収量が上がっていくかもしれませんし、人口が減ると需要自体も減っていきますから、もともと農業に不向きな土地で無理に作っていたようなところは自然に返すケースも出てくるでしょう。しかし、そんな時代が来るのは2050年よりずっと後のことになるでしょう。少なくとも、今ではありません。

そんな中、日本の農業はどうなっていくのか。確実なのは、農業人口の激減です。自民党の農林水産業骨太方針策定プロジェクトチーム（小泉進次郎委員長）が2016年に試算したところでは、基幹的農業従事者と常時雇用者を合わせた「農業就業者数」は、2010年に219万人だったのが25年には163万人、2050年には108万人になると推計されました。2010年から40年で半減し、そのうち3割以上が85歳以上になると予想されたわけです。

2020年の農業センサスの結果は、「農業就業者数」152万人でした。自民党の2025年予想が163万人でしたから、予想よりも速いペースで農業人口は減っています。

私の根拠なき推計では、2050年には70万人程度になるのではないかと思っています。JA全中の36万人など、もっと減る予測もありますが、いわゆる定年後に農業をやろうとする人はけっこうな数が存在しますので、そこまでは減らないと考えています。もっとも、彼らは規模拡大の意思はなく30年以上の営農ができる人たちではないので、地域を支える農家になる可能性は小さいでしょう。そのため農業人口減少の深刻さは変わりません。

新規参入者の多くが高齢ですから、高齢化の問題も今のままで、農家の平均年齢は70歳程度のままでしょう。それだけ農業人口が減っても、2050年以降も減っていく流れは止まらないかも知れません。今のままなら低利益の主要因である作物の供給過剰状態がこれからも続くからです。

人口が減っていきますから、国内の市場規模が30年で20パーセントほど減ります。しかも若年人口が減りますから、実際の市場規模は20パーセント以上減少すると考えられます。

逆に自動運転に代表される農機の進化や品種改良などによって、ひとりあたりの生産性はこれからも向上していきます。農家1軒あたりの生産性が30年後に2倍、3倍になっていても不思議ではありません。作物の品種改良も進みますから収量も増えることが多いでしょう。

その先にある未来は、市場が現状のままであるなら、よりひどい供給過剰状態の継続です。供給過剰によって農産物価格が低く抑えられ、農家は低収益に苦しむことになります。生産性が向上しても、価格が上がらなければ、進化して価格が高くなる農機具のコストの回収もままなりません。

そうなったら離農が増える。離農が増えて農産物の生産量が減ったら、供給が減るので価格が上がる。だから残った農家は儲かるようになるはずだから大丈夫だと考える方もおられると思いますが、おそらくそうはなりません。供給が不足すれば輸入が増えるだけです。価格競争力がないから輸入が増えるのではなく、生き残った農家で作ろうとしても、必要量を作れないから輸入が増えるのです。

自由主義的な価値観を持つなら、それもいいかも知れませんが、SDGsの目標とは相容《あいい》れません。さらに問題なのは、この30年くらいの間は日本も食料が不足すれば輸入はできる状態にあると思いますが、現実にはまだ20億ほど増えるとされている世界人口増加による需要増に加えて、天災や戦争、異常気象などの要因で食料を自由に輸入できるかは保証の限りではないことです。

◉土壌保全が戦略的に重要になる

最も大きいリスクは、世界的な土壌の劣化です。現在、世界中で土壌侵食や塩害などの土壌の劣化が問題になっています。アメリカやカナダ、そしてウクライナといった世界の穀倉地帯と呼ばれる地域の土はチェルノーゼムと呼ばれる土です。チェルノーゼムは世界的にもトップクラスの農業生産力がある土で有機物やカルシウムを多く含んだ中性の土ですが、土壌侵食などの要因で毎年少しずつ減っていることが専門家から指摘されています。アメリカが不耕起栽培に熱心に取り組むのも、これ以上の土壌侵食を放置するわけにはいかないという危機感があるのはすでに書きました。ウクライナも戦争によって国土が荒廃しているのは確実ですから、戦争が終わっても生産を戻せるかわかりません。またウクライナでは少子化も進んでいます。ただでさえ出生率が2020年でも1・22と日本よりも低い国であるのに加えて、基幹労働者となる若い男性の多くが戦争に取られていたり、国外に逃げたりしています。他にも塩害など農業の危機に瀕している国は少なくありません。

これに対し、日本に多い黒ぼく土は有機物が多いものの酸性で、アルミニウムイオンが溶け出して作物の害になる上にリンが欠乏しやすい特徴を持ちます。チェルノーゼムほど良い土であるとは言えません。しかし、日本は土壌のｐＨを修正できる石灰を国内で１００パーセント自給できる国です。

日本に住んでいると水が豊富な国に思えますが、世界的に見ると意外にも日本の使える水はあまり多くありません。せいぜい世界の平均程度です。しかし、ため池やダムなど貯水施設をたくさん作ったり、水を多く使う工場は使った水を回収して再活用するなどして水量を確保しています。

何年かに一度どこかで渇水が問題になったりもしますが、外国でよく起こる大規模な干ばつはまず発生しません。反面洪水はよく起きるのですが、川の規模が小さく治水の水準も高いため、堤防が決壊したりしても被害は比較的小さな面積ですみ、水も短時間で引きます。大河を擁する外国の洪水では、日本の都道府県2～3個分の面積が水没し、２～３ヵ月水が引かないなどよくあることです。

ちょっと油断すれば悪魔のように生えてくる雑草は、農業生産上の大敵ですが、特に対策しなくても土壌浸食を最小限に抑えてもくれます。

日本は１０００ヘクタールの面積を一家族でやれるような大規模農業には不適ですが、土壌のポテンシャルの面では比較的恵まれており、その気になれば相当な農業生産が可能です。

たとえばコメを挙げてみましょう。日本では以前、日本の稲作技術は二流であると、したり顔に言う〝有識者〟がいました。そう断定する根拠は、当時オーストラリアなど日本と比べて面積あたりコメの収量の高い国がいくつかあったからですが、笑止千万です。当時の日本には多収のコメは求められておらず、味をよくすることで減り続けるコメの需要を増やそうとしていたことを無視していたから、こんなことが言えました。コメの消費量が減り続け減反と呼ばれる生産制限が行われていた時代に多収品種など入れていたら、ますますコメが余る……だから日本は技術があっても多収品種の開発をしようとはしなかったのです。

しかし、時代は変わりました。近年はただでさえ安くなっているコメをもっと安く調達したいと考える外食産業が多収品種を求めています。こうした多収品種のコメの価格は安いものの、収量が従来品種より多いためトータルでの売上は向上することから、一部の農家は外食産業の求めに応じるようになっています。多収品種は不味《まず》いというのがこれまでの定説ですが、品種改良も進んでいるので、今では多収米だからといって食味が極端に落ちることはなく、700キロ程度の反収（10アールあたりの収量）がとれます。これは従来の品種の1・2～1・4倍程度に相当します。このくらいの多収品種だと、栽培が上手な人なら、800～900キロ、気候や降雨など条件が揃《そろ》えば1反あたり1トン収穫する農家も出てくるでしょう。もっとも肥料もその分多くなります。

日本がもっと本気になって多収品種を開発すれば、コメの面積あたり収量を今の倍にするくらいは普通にできるはずです。地域によっては年2回コメを作れる地域もありますし、冬には裏作として麦を植えるなどして農地をフル活用すれば、私の予想では現状の技術でも4億人分くらいは作れます。

もっとも日本は水田が多いため、湿害に弱いことが多い畑作物を作る上では不利で収量も低くなりがちなのですが、条件的に不利な水田に植えても多収が期待できるよう作物の品種改良を進めれば、8億人くらいの食料は賄えると思います。

ならば、いざと言う時、食料を世界に供給できる生産能力を持つべきではないでしょうか？土は、人間が簡単に大量生産できるものではありません。1センチの耕土ができるのに100年かかるのです。世界にはもっと農業生産を増やしたくとも土が悪くて作れない国がたくさんあります。良い土を持つ国でも、これまでよりも少ない生産しかできなくなる懸念は増えてきています。

そんな時に対応できる生産力を持てる国は、そう多くはないはずです。そして日本の土には、その能力があります。

とはいえ、そんなに作物を作っても今の市場環境は供給過剰状態なので売れません。作っても農家は自分の首を絞めるだけです。したがって当面は、食料不足が深刻になるかもしれない頃までに対応できる多収品種の開発を多数進めておくことと、作り手である農家の、それも規模拡大に余力のある農家の育成を進めておかねばなりません。そのためには、農産物価格を引き上げ、若く零細で投資余力のない新規就農者にも余力を持ってもらい、将来に備えておいてもらわねばなりません。

こんなことを書くと、おまえは国民に大きな負担を強いてでも農業を保護すべきだと言っているのかと批判されそうです。

アフリカをごらんください。これまで何度もアフリカでは食料危機が起き、農業振興が必要だと叫ばれています。しかしアフリカ農業には強敵がいます。大規模生産と輸出補助金を武器に低コストで穀物を輸出してくる国があるため、農業が成長できないのです。国内生産だと海外から入ってくる安い穀物にコスト的に対抗できないため、零細な農業は投資の余力が持てず、大規模化をしたくともできない。そのため、自分たちの国をかつて植民地にした国によって作らされていたコーヒーなどを輸出するのですが、これも多国籍企業に流通を握られているため、生産者までお金が落ちてこない。

安い輸入穀物がアフリカ農業を振興する足かせになっていることは、国際援助に関わる人たちには常識です。

私は日本をアフリカのようにするわけにはいかないと考えるため、そう主張するのですが、中には日本にも大規模農家が少ないとはいえ、育ってきているとお前は言っているではないかと思われる方もいらっしゃるかも知れません。しかしそんな大規模農家でも対抗できないから、第1章で挙げたように、どっさり交付金に浸《つ》かった経営をしているのです。

こうした大規模農家は、交付金がなくなれば一気に経営が悪化します。倒産する農家もどっさり出るでしょう。交付金の原資は税金ですが、日本の債務残高の対GDP比は世界一、それも突出して高いことはよく知られている事実です。債務残高の対GDP比が日本よりずっと低い国でもよく財政破綻するのに、日本が破綻しないのはなぜなのか首をかしげたくなりますが、それだけ日本経済に対する信頼が外国にはあるのでしょう。

とはいえ、いつまでもこの調子で、たとえば100年続くとは到底考えられません。言い換えれば、財政が厳しくなり交付金が大幅に減額されたり、経済破綻によって交付金がなくなる事態になれば、大規模農家が大量に退場することになるため、農産物価格は一気に上昇し、農地の荒廃もこれまでとは比較にならない規模で進むことになります。先に述べた通り、すでに大規模農家ですら高齢化によって疲弊し、退場しつつあるのです。

日本の周囲が海上封鎖されず、石油も食料も入ってきていても、重大な食料安全保障上の危機が訪れます。そんなことになるより前に、最初から大規模農家やこれから大規模になる農家が、交付金を失っても維持できるように政策誘導すべきです。そのためにも農産物の価格は上げないといけないのです。

そもそも、現在の農産物があまりにも安いことを日本人は自覚する必要があります。鳥インフルエンザによって、ここ数年日本の養鶏は100万羽単位、多い年には1000万羽を越える大量のニワトリを殺処分せざるを得なくなりました。これによって卵価格が高騰すると、マスコミは主婦や飲食店の声を紹介し、卵が高くなるとどれだけ困るかを報道します。物価の優等生と呼ばれ、何十年と価格が上がらなかった卵の価格は、たとえば30年前と比べたら鳥インフルエンザの流行がなくても2倍くらいになっていてもおかしくないのです。コメに至っては30年前の半額近くまで価格が下がっています。コメの価格が現在の半額になると、日本のコメ農家はどんな大規模経営でも生き残れないでしょう。そんな時代に生き残るのは、給料や年金のような副収入で生計を立てている、趣味でやっている小規模零細農家のみです。日本を、そんな農業しかできない国にすべきでしょうか?

◉食品ロスも、どっさり減る

食料価格を上げれば、食品ロスも確実に減ります。食品ロス問題ジャーナリストの井出留美《いでるみ》氏が、多くの学生ボランティアの協力を得て毎年恵方巻きの食品ロスを調査しています。多くの店を回り、在庫のチェックを続ける努力に頭が下がりますが、そもそもなぜ小売業者は余ると分かっていて恵方巻きを過剰に仕入れるのでしょうか？

閉店間際にバカみたいに余らせている店は、事前に立てた販売予測を根本から間違ったか、〝上〟からこれだけ売れと強制されたか、どちらかです。前者はただのミスですが、後者はこれから立ち上がると思う市場で自分たちの店に最も多くのお客様が来てもらえる店にするために、損失覚悟で無理に仕入れさせるわけです。なぜ無理な仕入れをさせるかと言えば（無理でない場合も）、小売業には絶対守りたいルールがあるからです。

ルールとは、欠品を出さないことです。みなさんが、「恵方巻きをなぜ余るほど仕入れるのですか？」と、実際に売っている店の店長に聞けば、たいがいは「チャンスロス（機会損失）を防ぐため」という答えが返ってくるはずです。チャンスロスとは、本来売れるはずだった売上を得られない損失のことを言います。たとえば、60本の恵方巻きを仕入れる店があったとしましょう。店の営業時間は、10時から20時とします。

仕入れ担当者の理想は、閉店時の20時までに全て売り切ることです。しかし、もし恵方巻きが16時くらいに売り切れていると、仕入れ担当者は上司に怒られます。

「開店から6時間で60本売れたのなら、閉店時間は10時間なんだから100本仕入れていたら100本売れたんじゃないのか！」といった感じで怒られるのです。

恵方巻きの価格を1000円、仕入れ値を700円としましょう。60本仕入れて全部売れたと言うことは、売上6万円、粗利益（ここから人件費や家賃などを引いた金額が営業利益になる）は1万8000円になります。

上司の言うことが正しければ、逃した売上は40本分ですから4万円、逃した粗利益は1万2000円になります。これがチャンスロスです。

怒られた仕入れ担当者は、こんなことを考えます。「閉店時間に少し恵方巻きが残っているくらい仕入れると、怒られない……」

そう考えて、仕入れ担当者は翌年110個仕入れるのです。恵方巻きは一定数が確実に売れるとは限らないので、100個仕入れたら閉店前、たとえば19時くらいに売り切れるかも知れません。そうなるとまた上司に怒られるので少し多めに仕入れるのです。

想定通り100本売れると10本余ることになります。損失は仕入れ価格が700円ですから7000円になりますが、1本1000円の恵方巻きが100本売れたのです。売上10万円で粗利益は3万円あります。利益から損失を差し引けば3万円マイナス7000円で2万3000円の粗利益が残ります。60本仕入れていた時の利益は1万8000円ありました。今回残った利益は2万3000円ですから60本仕入れた時より5000円利益が向上しました。前年よりどれだけ売れたか、利益が上がったかを見ている上司は、仕入れ担当者が前年より上手に売るようになったと喜び、仕入れ担当者も怒られなくてホッとします。

「ちょっと待て！　そんなこと考えて余らせるより90本仕入れて閉店間際に売り切れるのが一番いいんじゃないか？」思われる方も多いと思いますが、多くの小売業者は、お客様が欲しいものを、いつでも欲しいだけ買っていただく店作りをするのが最高だと考えているのです。だから、欠品によってお客様をがっかりさせるより自分が多少損しても欠品を出さないようにしたがるのです。もし自分の店で買えなかったら、お客様は他の店に行きます。そんな時、店長はお客様の期待に添えなかったことを恥じ入り、競合する店にお客様を行かせたことが悔しくて仕方がありません。自分の店に来てくださったお客様を大切だと思うがゆえに、欠品を出すより食品ロスを出した方がマシだ……そんなことを思ってしまうのです。

しかし、食品ロスを出すと、相当な損失をこうむるとなればどうでしょうか？　恵方巻きの材料があまりなくて材料の仕入れ値が高くなったと同時に競争相手が強くて安値で売らざるを得ず、適切な粗利益が得られなくなると、食品ロスを出せば即損失になります。それくらいにしないと、そう簡単には抜けない小売業のルールを変えさせるには至らないでしょう。

ロスを出すことが即損失につながるほど食料価格を上げる。ルールは、それくらいしないと変わらないものなのです。

◉食料安全保障のために食料自給率は当面上げない方がいい

日本の農業生産力を維持しつつ、少子化による市場の減少にも対応できる、弾力性のある農業政策が必要なのです。その意味で言うと、食料自給率は当面40パーセント程度のまま、すなわち低いままにしておいてかまいません……いや意識的に低い状態を保つべきです。

日本の場合、食料自給率が低くなるのは、畜産で必要になる飼料を輸入しているからです。輸入飼料100パーセントで育てられた国内産の家畜は、食料自給率の計算に入れられません。日本の飼料自給率は現在20パーセントほどなので、国内産の家畜の80パーセントは外国産扱いになっている……これが日本の食料自給率が低くなっている原因です。家畜を除いた、人間が食べる食品の自給率は案外高いのです。コメは100パーセント自給していますし、野菜も自給率は80パーセントほどです。トウモロコシや、麦、大豆を除けば、それほど多くが輸入されているわけでもありません。

でもなぜ食料自給率が低い方がいいのかと問われれば、食料自給率を今程度の低いままにしておくと、有機肥料を国内で十分確保できるからです。

と言っても、ほとんどの読者にはご理解いただけないでしょうから解説します。

日本は、現在の人口を今の食生活のレベルで維持していくのは理論的にも現実的にも不可能です。人間の食べる分は粗食にすればなんとかなっても、家畜のエサまでは確保できません。家畜のエサまで確保するには、耕作地の面積が足りないのです。そのため外国産が安いこともあって飼料穀物が大量に輸入されているのですが、これは考えを変えると有機肥料を輸入しているに等しいのです。

家畜を飼っていると排出される家畜糞が有機肥料として使えます。しかも理論上、化学肥料ゼロでも現在の生産量を賄えるほど十分な量が毎年生産されます。そして有機肥料は、農業における最も大事と言われる「土作り」になくてはならないものです。

20年、30年と堆肥を投入し続け、土作りをしっかりできれば、肥料成分は農地に蓄積され、肥料要求量が大きい作物なら1年ないし2年、比較的少ない作物なら3年〜数年程度は無肥料栽培にしても極端に収量が落ちることはないでしょう。

もちろんそうした状態まで土をもっていくには、粗大有機物と呼ばれる稲ワラや麦ワラ、オガ粉といった作物残渣《ざんさ》も必要ですが、シーレーンを封鎖されて外国から食料が入ってこなくても数年耐えられるなら、それで十分な食料安保体制が構築できると言っていいでしょう。

食料安保というと「日本は化学肥料を自給できないから食料安保が……」と言う方がおられますが、そもそも肥料の3要素である窒素・リン酸・カリウムを全て自給できる国など世界中にほとんど存在しません。できるのは中国とロシアくらいではないでしょうか。さらに石油まで自給できるとなると、中国も脱落するでしょう。

子供じゃあるまいし、そんな世界中ほとんどの国ができないことを指摘して、何になるでしょうか。大人がやるべきは、肥料が入ってこなくなってもなんとか数年しのげる体制を整える……その方がよほど現実的ではないでしょうか。具体的な手段については後述しますが、そう考えれば、当面食料自給率は上げる必要はないし、むしろ現状入手できる有機肥料の流通網の整備に力を入れるべきです。モノがあっても流通網なしには、どうにもならないのですから。

◉安全保障は数年持ちこたえられれば十分だ

また石油が入ってこなかったら、トラクターやコンバインなど農機が動かせない、あるいはトラックが動かせないといった懸念を持つ方もいらっしゃるでしょう。

日本の石油備蓄は国家備蓄・民間備蓄・産油国共同備蓄（日本を中継して外国に流れる石油在庫を有事に日本に振り向ける備蓄）の3つがありますが、全て合わせると200日分ほどになります。法によって国家備蓄は90日分、民間備蓄も70日分確保することが義務づけられていますが、それ以上の備蓄を持っているわけです。

エネルギーは、現在日本は石油依存を減らし太陽光を代表とする自然エネルギーや原子力発電の比率を増やそうとしています。原発はそう簡単に増やせませんが、太陽光を使うソーラー発電はペロブスカイト型太陽電池が市場に出てくると、昼間の電力は供給過剰になり、きわめて低価格……言い方を変えればタダみたいな価格になるでしょう。ペロブスカイト型太陽電池のメリットは安く、薄く、軽く、曲げられることなので、これまで使われることがなかったスペースにどっさりと使われる未来が予想できるからです。もっともそんな状態になるには、市販第1号が出てから20年ほどかかると思われます。

太陽光は夜には使えないし、雨や曇りの日は発電量が落ちたりするので、ベースロード電源（昼夜を問わず安定的に発電できる電力源）を持つ電力会社は依然として必要です。加えて電力会社は昼間儲からなくなるので夜間や雨天時の電気料金は高くして帳尻を合わせると思いますが、昼間にエネルギーがあり余る未来は、ほぼ確実にやってきそうです。ならば、今のうちから農機やトラックなどの電動化を進めておくべきでしょう。

現在の電気自動車（ＥＶ）はたいてい昼間に動かし夜間に充電しています。そのため需要が増えたのか、深夜電力は以前ほど安くなくなってきています。しかし昼間に電力があり余る時代になると、昼間の電力を充電して農機やクルマを動かす方が安上がりになります。一部のＥＶメーカーが充電時間の長さの解決法としてバッテリーを交換できる製品を作っていますが、この方法ならクルマを使う昼間でも予備のバッテリーを充電できるようになります。

比較的小型の農機である農薬散布用のドローンは、バッテリーがスペック上10～20分程度しか飛行できません（実際はバッテリーの保護と墜落防止のためバッテリー残量を30～50パーセント残して1回の飛行を終える）。バッテリー充電には数十分かかるので、ドローンオペレーターは1台のドローンに最低でも5個、一般的には10個以上のバッテリーを用意して、取り換えながら農薬散布を行います。

トラクターやコンバインといった大型農機になるとバッテリーの大きさも重さも相当なものになるので、バッテリー交換をするための〝農機〟も必要になるでしょう。

機械のオペレーションが少しややこしくなりますが、そんな農機やトラックが増えてくるなら、これだけ石油備蓄を持っていれば石油が入ってこなくなっても1年、2年……電動化の進行状況によっては4年、5年は耐えられるでしょう。

有事はめったにあるものではなく、10年、20年も長く続くものでもありません。昔は百年戦争などといった長期間戦争状態が続く例もありましたが、だらだら戦っていたから100年も続いたのです。今はどこの国もそんなにだらだら戦争ができる余力などありません。

特に日本のような南北に長く世界有数の排他的経済水域をもつ国を海上封鎖するのは困難です。数ヵ月程度の短期間なら封鎖できるかも知れませんが、10年にわたって完全封鎖しようとすると、大量の機動部隊が必要で、米軍と中国人民解放軍が束になっても封鎖し続けるのは簡単ではないはずです。

そうした未来を予想し、政策を立案し、実施することは、世界の土壌劣化が進み、農作物の収量が期待できなくなったときに世界から頼られる国になると言うことです。

そんな国になるには今後数十年をかけて、土作りを始めとして新品種の開発や機械の開発など、生産力を向上させる基盤をつくっておかねばならないのですが、問題は先に書いたように生産力を向上させても、供給過剰で売り先がないことです。ではどうすべきかについては、後述します。

◉有機肥料の物流網整備

一般に、化学肥料を減らしたければ、有機肥料を使うしかありません。日本は食料自給率が低いとよく問題にされますが、なぜ自給率が少ないかと言うと、先述したように、畜産で家畜に与えるエサの多くが輸入飼料だからです。食料自給率の計算では、輸入飼料を食べて育った家畜は外国産扱いになります。輸入飼料を食べさせている神戸ビーフや松阪牛も多くが統計上輸入牛肉と同じ扱いをされて、自給率を下げるのに貢献していると言ったほうが分かりやすいかも知れません。ニワトリや豚も同様です。

言い換えると食料自給率を上げるのは簡単で、日本の畜産を壊滅させれば、輸入飼料が必要なくなるので、一気に自給率は向上します。

もちろん日本の畜産を壊滅させるのは極論でしかありませんが、食料自給率の計算の仕組みを知れば、食料自給率が低いのが問題だとする主張の説得力が下がるのは確かです。

そんな考え方をすると、日本の食料自給率が低いからと言って過剰な危機感を持つ必要はなくなります。いわゆるシーレーンを喪失した状態、すなわち日本が海上封鎖され、食料や石油などが入ってこなくなった時の対応策はすでに書きました。石油も肥料も完全自給できる国はそうありません。世界のほとんどの国にできないことを理由に危機を煽《あお》ってもあまり意味がありません。せいぜいできることは、そんな状態になってもできるだけ対応できる能力を保持しておくだけです。

その意味で、ソーラー発電に代表される国内自給可能なエネルギーを増やして石油依存度を減らすのは理にかなった選択ですし、畜産を維持するのも必要不可欠なことになります。畜産の副産物である家畜糞尿が、日本の田畑に有機物をもたらし、保肥力の高い土を作るからです。肥料成分を多く保持できる土があれば、無肥料でも何年かはそこそこの収量は確保できるはずだからです。

今の日本は理論上、化学肥料をゼロにできるほど有機肥料を毎年確保できる国です。家畜糞尿がそれだけたくさん出ているからですが、現状大きな問題があります。畜産が地域的に偏在しているので家畜糞尿が十分に活用されていません。実際、家畜が少ない地域では、家畜由来堆肥が欲しい農家も少なくないのですが、運搬コストに難があり、採算が合わなかったりします。ダンプで鹿児島や熊本から、比較的近い山口県や島根県、高知県、愛媛県に持って行くだけでも10万円単位の運搬コストがかかるわけで、現状の農作物の価格水準をかんがみれば、かなり難しいと言わざるを得ません。

ただしやり方によっては、十分とは言えないまでもコストは下げられる可能性もあります。もっと注目されてもいいと思うのは、フェリーや鉄道輸送です。これらの業界では、近年モーダルシフトと呼ばれる物流手段が主流になりつつあります。モーダルシフトとは、主として二酸化炭素排出削減や長距離輸送の物流ドライバーの労働負担軽減のため、フェリーや鉄道にコンテナだけを積み込み長距離を輸送する方法を言います。たとえば、鹿児島で作られた製品を志布志《しぶし》港にトラックで持って行き、荷台部分だけフェリーに積み込み、大阪まで輸送する。フェリーにはドライバーは乗っておらず、大阪に着いた荷物は大阪のドライバーが引き取って、目的地まで持って行きます。

鹿児島から大阪までトラックで移動しようとすると900キロほどの距離を走らないといけませんが、モーダルシフトを使えば、そのうち800キロ分ほどはドライバー要らずで、燃料の使用も少なくてすむのです。同じ量のトラック輸送とモーダルシフトの燃料消費量を比較すると、ルートにもよるのですが、だいたい4分の1から8分の1程度まで減らせるそうです。

フェリー航路は今ではかなり数が減っています。しかし、モーダルシフトが進むなら、むしろ航路は増えて行くでしょう。

トラックのＥＶ化と自動運転（無人運転）ができるようになったら、たとえばこんなこともできるでしょう。

畜産が盛んな九州で自動運転EVトラックに堆肥を積み込み、昼間はソーラー発電の電気を使って蓄電し、夜になってから港に向かう。1回の蓄電で行けないのなら途中に中継ステーションを設けて昼間は1日かけて充電し、再び夜に目的地に向かう。曇りや雨などの事情でソーラー発電量が少ないなら、出発しない。

フェリーに載せて、目的の港に行ってからも同じくソーラー発電を利用して目的地に向かう……そんな感じでいけば、ドライバーの人件費は要らない上に、かなり化石燃料の消費も減らせるでしょう。フェリーは堆肥の臭いの問題があるので、専用フェリーとし、車両が揃ってから出港する不定期便にすれば問題はありません。

前述しましたが、近い将来ペロブスカイト太陽電池が普及し出すと、全国で昼間の電力が余りまくる時代がやってきても不思議ではありません。ペロブスカイト太陽電池は軽く薄いフィルム状の太陽電池で容易に曲げることもできることから、これまで重量的に設置が難しかったビルの外壁などにも使えます。一般家庭でも重量がかさんでソーラーパネルを載せることが難しかったような家屋の屋根にも載せられるので、普及し出すとパネルの設置面積が今の何倍にもなる可能性があります。言い換えれば、昼間電力をどう有効利用するのか考えておかないと再生エネルギー電力が余りまくり、設置するだけ資源の無駄みたいな事態も起きかねません。それだけ電気が余る時間があるのなら、その時間を夜に動く機械類のために充電するくらいのことは当然やるべきですし、やれば再生可能エネルギーの比率を大幅に上げることができるでしょう。

もっともこれは、太平洋側でしか通用しないでしょう。雪が多く降る日本海側ではそうはいかないはずです。同じく畜産が盛んな北海道でもできるのかは少々疑問もありますが、もともと雪国ですから冬場の家畜糞をストックできるスペースは確保できているはずなので、春から秋まで稼働でもなんとかなるかもしれません。

国内で使える肥料としては、ほかに下水汚泥もあります。これは家畜糞と違い都市部から出ます。中でも日本の総人口の30パーセントが住む東京圏から大量に出るでしょう。

幸いにも、東京は日本一広い関東平野にあり、関東平野は耕地率（土地全面積に占める耕地の割合）の高い県がどっさりあります。日本の耕地率が20パーセント以上になる都道府県の上位5つのうち、4つ（茨城、千葉、埼玉、栃木）が関東の県なのです。面積的にも茨城は全国2位の新潟なみの農地面積を持っていますし、千葉や栃木もベストテンに入る広大な面積を擁します。

畜産の強い県は北海道や鹿児島、宮崎などです。立地的に、北海道からは東北や日本海側の富山、福井あたりまで、鹿児島や宮崎からは四国中国近畿、名古屋付近まで家畜糞堆肥の供給を行う。そして東京など大都市からから出る下水汚泥は大都市周辺に供給すると、バランスが良いのではないかと個人的には思います。

化学肥料を減らしつつ、農業生産力を維持するには、家畜糞尿と下水汚泥をフル活用するのが合理的でしょう。そうした方法をとることを拒否するなら、農地は痩《や》せていくしかなくなります。

問題もあります。動物性堆肥を使う時の悪臭対策をどうするか。動物性肥料の原材料は主に家畜糞になります。堆肥化することで臭いも減りますが、それでも臭いはします。多くの下水汚泥も同様です。

かつてアメリカの不耕起栽培のパイオニア的な農家を訪問し、話を聞いたことがあります。この農家は養豚農家でもあって、豚糞堆肥を自分の農場にまいていました。すると周囲から「臭い」というクレームがつくため堆肥を散布したところだけは畑を耕さざるを得なくなったと言います。不耕起栽培がしたくともクレームがつくため、できない農地があったのです。

通常の耕起する栽培法を取ると、堆肥をまいた直後に耕して土中に埋めてしまうので臭いは気にならなくなるのですが、不耕起だと広い面積に堆肥をまいたままなので、少なくとも数日は臭いが周囲に充満することになります。そうなると、田畑の周囲の住人からクレームが出てくることは避けられません。したがって、不耕起栽培の推進と関連して考える必要があります。

◉日本も不耕起栽培をすべきなのか？

炭素を土壌に滞留させるために、世界的に不耕起栽培が注目されています。日本もこれに倣《なら》うべきなのでしょうか？

先に述べたように、不耕起栽培を行う上で問題になるのは悪臭対策もありますが、作物残渣の処理も重要です。ほうれん草やニラといった、植物体の大部分が食べられるものだとあまり問題になりませんが、トウモロコシのように食べられる実の１００倍以上の重さや容積をもつ植物体が作物残渣として残る場合、後の農作業の邪魔になることが多いわけです。中には畑で放置していると腐る過程でハエや害獣を呼び寄せることもあります。放置していても腐るまでに時間がかかり、次の作業に支障が出ることもあります。

そうした事情から、作物残渣は田畑で燃やされたり、早く腐るよう土中にすき込まれたりします。

不耕起栽培は、そうしたこれまでのやり方をやらないのですから、作物残渣をどうするのかを検討しなければなりません。

まず、中山間地で害獣が出る地域ではやらない方がいいでしょう。理由は簡単で、作物残渣を放置していると害獣のエサになることがよくあるからです。人間の作る農作物は、人間の都合によっておいしく改変されたものです。害獣になる鹿や猪、猿や熊と言った動物にとってもおいしいのです。害獣対策の基本は、害獣のエサになるものを田畑に残さないことなのです。エサのないところに害獣は来ません。

近年中山間地で害獣被害が増えて来ているのは、人口減少によって空き家になってしまった家の周囲に柿の木などおいしい食料が残されていることも要因のひとつです。人がいなくなる時に柿の木などは伐採されず放置されるため、害獣は安全においしいエサにありつくことができます。

そうした不都合がない場合は、不耕起栽培もいいでしょうが、実際にやるとなると専用の農機が必要になってくるでしょう。たとえば、種まきや苗を植える時に、植える場所にある作物残渣を横にどけて種を蒔《ま》いたり、苗を植えるようなイメージです。そんな不耕起用の農機を開発するのは、そう難しくないかもしれません。雪をかき分けて線路を除雪するラッセル車の先頭についているような、残渣除去用のブレードを付ける程度ですむことも少なくないはずです。

問題になるのは、狭い畝《うね》を作って植える栽培スタイルを持つ作物です。畝幅が広ければ作物残渣を横に移したりもできるでしょう。しかし30センチメートルほどの狭い畝だと、移す場所がないこともあるかもしれません。また深く太く張った根を持つ切り株などは簡単に除去できなかったりもするでしょう。そんな時は切り株の間に新しい苗を植えるような工夫ができる農機が必要になります。もっとも、それくらいの障害なら農機の操作技術で回避できる農家も多いのではないでしょうか。

そんなことより、畑作の不耕起栽培を推進していく上で障害がふたつあります。ひとつは機械で収穫する作物の場合、畝を崩してしまうことがあるため、畝を再び作るために耕起作業を行わなければならないことが想定されます。低い小さい畝でできる作物なら耕土を少し寄せるくらいで済むと思いますが、湿害を避けるなどの目的で大きく高い畝を作っていると、そうはいかないこともあろうかと思われます。どうしても耕起しないとその後の作業に支障が出るケースもあると考えられるので、そんな場合は不耕起を選択すべきではないでしょう。

第二の障害は前述した有機肥料の散布になるとみられます。不耕起栽培は、臭いのする一部の有機肥料、具体的には主に動物性の堆肥や下水汚泥の堆肥を散布した後、耕起し、埋めて臭いを消す作業を行わないからです。

もちろん、散布した堆肥は、ある程度の時間が経てば臭いは減少・消失もしますが、それまでの間、周囲の住民は堆肥の臭いに悩まされることが多くなるはずです。当然周囲から農家に寄せられるクレームも多発します。

そうした社会的な側面まで考えた場合、果たして日本で不耕起栽培を推進していくべきなのか？　いや、推進はしていくべきなのですが、住宅地の近辺など悪臭対策ができない場合は、事実上できないこともあるでしょう。

ただ稲作の場合は、堆肥の悪臭問題はあまり問題にならないかもしれません。個人的に不耕起で水を張ったことがないのでよくわからないのですが、堆肥散布後に水を張ると、畑作よりは短期間に臭いは減らせると思われます。農作業は不耕起用の機械を使えばできます。しかし作業はできても収量が上げられない……言い換えると現状できる農地と、できない農地があります。

もともと稲作では、米価の下落に伴い作業時間の削減努力が進められています。中でも直播きと不耕起の技術開発には力が入れられています。苗代を作って育った苗を代かきした水田に移植するのが一般的な稲作の作業なのですが、直播きにすると苗代づくりと移植が不要になりますし、不耕起にすれば代かき作業が不要になるからです。

現状の栽培技術でうまくいっている地域もあるのですが、うまくいっていない地域も多いのです。地域の土質や気候などによっては、適切な栽培法が今のところ見つかっていないと言うべきかも知れません。

現在不耕起ができていない水田でも不耕起栽培技術の開発は今後も続けられるでしょうし、いつかはできるようになるかもしれません。ただ、今後30年くらいの間で全ての水田での不耕起栽培ができるのかというと、考えにくいと思われます。

当面は、栽培技術が確立されている地域でやっていくという感じで進めていくしかないでしょう。もっとも第1章で挙げた十勝など、風によって耕土が失われる地域は、極力早く不耕起栽培に移行すべきです。

第３章

どこまで可能か? 温室効果ガス削減

ぼくたちは地球に必要ないのですか？

◉温暖化対策の目標

2021年10月に政府の「地球温暖化対策計画」が閣議決定されました。2013年の日本における二酸化炭素の排出量14億800万トンを2030年までに46パーセント削減し、7億6000万トンにする計画です。そのうち農業分野に課せられた削減目標は、3・5パーセント、4928万トンです。

世界の二酸化炭素排出量335億トン（2019年）のうち、日本の排出量は約11億トンで2013年と比べて4億トンほど減らしているのが驚きです。少々年度はさかのぼりますが、2017年の数値では、農業が出す温室効果ガス（CHG）排出量は5154万トンとなるため、2050年の目標は、ほぼゼロエミッション、すなわち実質的に温室効果ガスを出さないことが目標となっています。

しかし、困難な部分もあるのでしょう。実際は

農林水産分野の温室効果ガス排出量

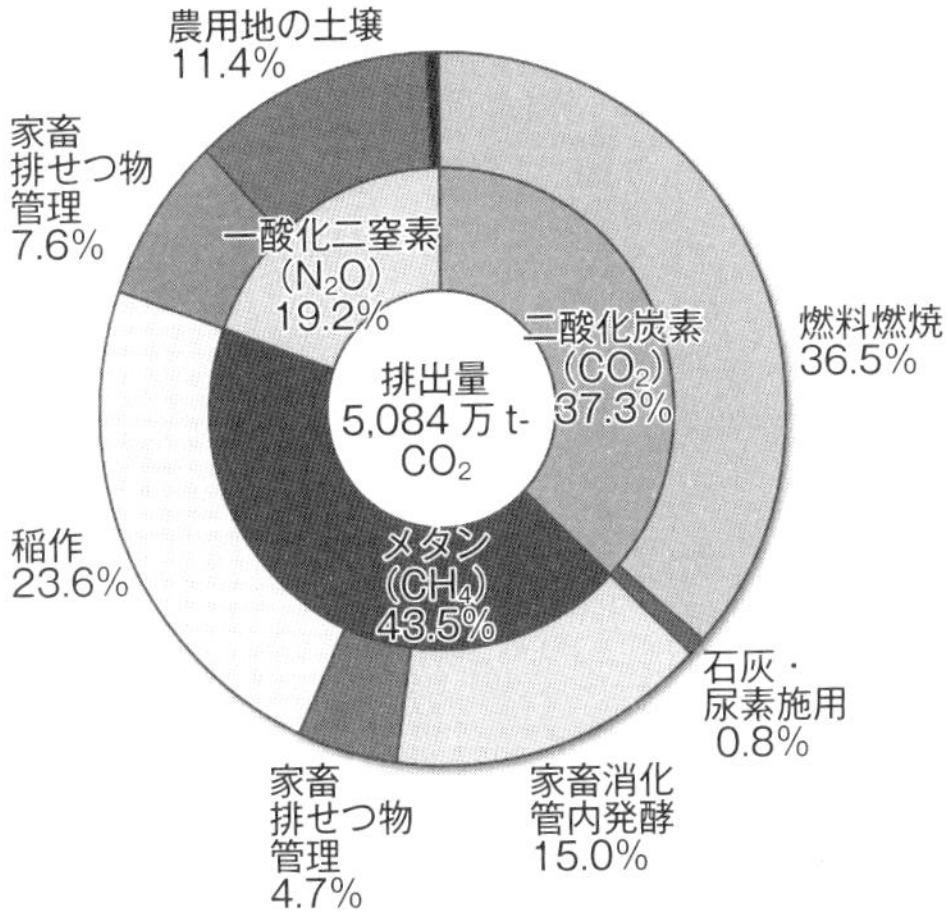

国立環境研究所温室効果ガスインベントリオフィス「日本の温室効果ガス排出量データ」（2022年4月）をもとに農林水産省作成。
注）2020年度の数値、排出量は二酸化炭素換算
農林水産省「気候変動への対応策等の環境政策の推進」令和3年度「食料・農業・農村白書」

排出削減目標
＋吸収源対策
＋二国間炭素クレジット
＝トータルの削減目標

となります。二国間炭素クレジットとは、国同士で炭素を出す権利を売り買いすることです。排出権取引とも言いますが、あまり二酸化炭素を出さない国が自国に割り当てられた排出量を下回る排出量にすると、目標との差を二酸化炭素の排出量が多い国に売ってお金をもらうというイメージです。

　1リットルの水が入る容器の水にたとえると、毎年1リットルの水のうち、出てくる水を減らす（排出削減目標）

３００ミリリットル＋水をスポンジで吸収して外に持ち出す（吸収源対策）２００ミリリットル＋外国から水を出す権利を買う（炭素クレジット）３００ミリリットルで、８００ミリリットルを削減したという感じでしょうか。この場合、実際の排出量は５００ミリリットル削減ですが、炭素クレジット３００ミリリットルを買って、８００ミリリットルを削減したということになります。

逆の場合も想定してみましょう。排出削減目標が５００ミリリットルの場合、８００ミリリットルの削減を行うと炭素クレジットが３００ミリリットル得られます。この３００ミリリットルは外国に売ることができるというわけです。

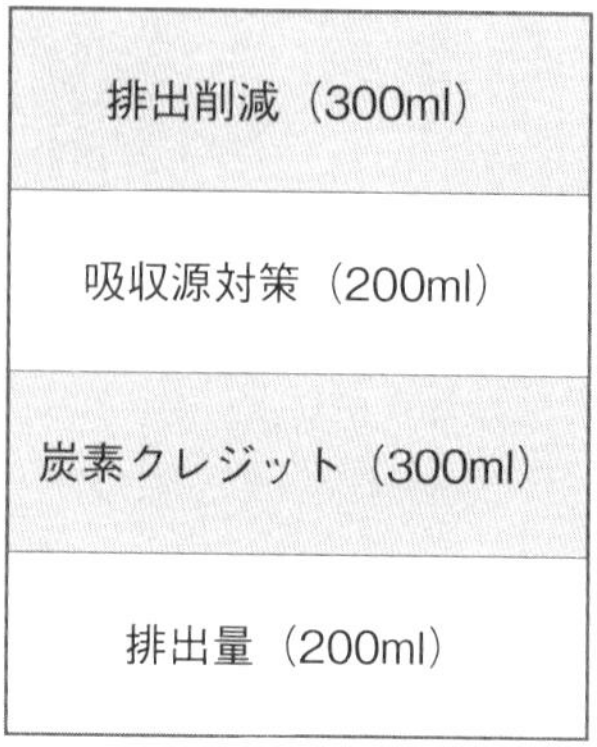

1リットルの目標削減量達成のモデル

こんな書き方をすると、日本は外国から炭素クレジットを買って帳尻を合わせると思われる方がいらっしゃると思いますが、「令和元年度 食料・農業・農村白書」によると、農水省は徹底的な省エネやイノベーションを推し進めることができたなら、ゼロエミッションを超えて排出量をマイナスにして、むしろ日本国内で温室効果ガス削減目標に達しない国に炭素クレジットを売ることもできると考えているようです。

炭素クレジットにみられるように、温室効果ガス削減は、崇高《すうこう》な目標を掲げつつも、「利権」がついてくることは留意しておいたほうがいいでしょう。ノルウェーは電気自動車（ＥＶ）の普及が世界一進んでいるのはよく知られています。必要な電力のほとんどを水力発電で賄えるので、クルマをＥＶにすれば二酸化炭素をほとんど出さずにすみ、排出権を他国に売ることで収益をあげられます。

ヨーロッパやアメリカも、おそらく同様のことを考えており、ＥＶのインフラを整えられない、すなわちＥＶが普及しない国に炭素クレジットを売りつけることを考えているとみられます。そのため、いわゆる開発途上国はＣＯＰ24やＣＯＰ26と言われる、気候変動枠組条約締約国会議で欧米の提案に反発するのです。多くの開発途上国は、かつて欧米に植民地化された歴史を持つので、宗主国の意図に敏感です。

そのため、日本もＥＶを普及させないと炭素クレジットを払わされる……それが嫌だからＥＶを普及させようとする面があるわけです。

自動車に限らず、発電も同様です。二酸化炭素排出量が少ない発電方法を選ばなければ、それだけで他国からカネを奪われる。それは嫌だと言うことで、二酸化炭素の排出量の多い産業には炭素税をかけて脱炭素に取り組ませようとする考えも出てきます。

農業においても事情は同じです。生産によって排出される温室効果ガスを減らし、炭素クレジットを持っていると、どこかに売ることができます。減らせなければ買わなければならなくなります。

すでに炭素クレジットの取引市場は存在しており、日本でも2023年に開設されました。日本での名前はJ－クレジットと呼ばれ、太陽光発電などの再生エネルギーで減らすと1トン1700円とか、森林に吸収させると1トン1万4400円といった感じで売買されています。株式市場と同じで、価格は毎日変動します。今のところ農地の炭素クレジットは上場されてはいないようですが、近い将来には上場されるでしょう。

炭素クレジットをたくさん稼ぐのは、電力会社がメインになると考えられます。農業から得られる炭素クレジットは、もともと日本の温室効果ガス排出の3・5パーセント程度しかないため、スズメの涙程度になると思われます。

もっとも、温室効果ガスの発生を減らすのに資材を買うなどすると、逆にお金がかかるので赤字になる可能性もあります。そのため、温室効果ガス削減の目標をクリアする農家に補助金を出して資材の出費の補塡《ほてん》をするようなことが行われるかも知れません。

◉悪者メタンに隠れる、極悪の一酸化二窒素

排出削減策として考えられているのは3つ
①施設園芸・農機の温室効果ガス排出削減対策
②漁船の省エネルギー対策
③農地土壌に係る温室効果ガス削減対策

吸収源対策は
①森林吸収
②農地土壌吸収

のふたつになります。

排出削減策①の施設園芸・農機の温室効果ガス排出削減対策とは、二酸化炭素を排出する農機

を省エネ機器に交換、ないしは使用するエネルギーを再生可能エネルギー、あるいは原子力など二酸化炭素を出さないものに入れ替えることをさします。②にある漁船の省エネルギー対策も同様です。省エネ機器に再生可能とされる電気を使った場合は、さらに削減目標達成に貢献することになるでしょう。

この部分は、現状農家にできることはほとんどありません。できることはせいぜい省電力の農機具や設備を買い替えるくらいで、実際の省エネ機器を作るのは、農機具メーカーになるからです。農機具メーカーがそんな製品を出さないことには、何もできません。電動化したトラクターやコンバインは作られてきていますが、バッテリー容量にまだ難があるようで、現在開発途上と言っていいと思われます。

これとは別に、発電などで発生した二酸化炭素をボンベに詰めて施設栽培に使う方法もあります。近年、ハウス内の二酸化炭素濃度を上げて作物の光合成を活発にするノウハウが作られているので、そうした栽培に使うことで二酸化炭素を作物に吸収させるのですが、やらないよりましな程度の量しか削減できないでしょう。ボンベの輸送にはもちろん燃料も使いますから、遠距離輸送など場合によってはむしろ排出量を増やすかも知れません。

③の農地土壌に係る温室効果ガス削減対策はメタンや一酸化二窒素の排出削減対策になりますが、これはやっかいです。二酸化炭素、メタン、一酸化二窒素は、いずれも温室効果ガスとして

地球温暖化にかかわることから排出の削減が求められているわけですが、これらの排出は人間の活動のみならず地球の自然の中でも起こっている、ごく普通の営みです。

小難しくいうと炭素循環や窒素循環と呼ばれる現象で、止めることはできませんし、もし仮に止めるとすると、気候変動どころの騒ぎではなくなります。なぜなら、地球上に分解されない糞尿と死骸があふれることになるからです。

地球は、5億年前、地上に植物が出現しました。最初に出現したのは地衣類やコケ類と呼ばれる地面にへばりついている植物でしたが、4億年前になるとシダ植物が出てきて森を作ります。この頃の植物は、寿命がきて枯れても分解されず、地面に折り重なっていきました。植物体を食べて分解する微生物やきのこ、昆虫類が当時はまだいなかったからです。この頃に分解されることなく地中に留まった「泥炭《でいたん》」が、地殻変動によって地下の高温・高圧条件に数千万年から数億年さらされて石炭になりました。

3億年前になると裸子植物が地上を席巻するようになり、これをエサとして食べる微生物やきのこ、昆虫が出現します。以後、動植物や昆虫、微生物は捕食するされるの関係を複雑にからめて進化していきますが、この過程で死骸や糞を食べたり分解して消し去る生物が生まれ、生物が生きていた姿を後世に残すことがきわめて難しくなりました。偶然に宝くじを当てるような確率で生きていた姿を残せた生物の死骸を、我々は化石と呼んでいます。

温室効果ガスの効果と残存期間

	温室効果	大気中での寿命
二酸化炭素（CO_2）	1	―
メタン（CH_4）	28	12.4年
一酸化二窒素	280	121年

注・温室効果は二酸化炭素を1とした場合。文献によって多少違いがあるが、だいたいこの程度

化石になることができなかった生物の遺骸は、微生物などの活動によって化学的に分解され、大部分が二酸化炭素やメタン、一酸化二窒素など気体として空気中に放出され、一部が腐植として地上に残ります。これが鉱物以外の土の成分です。だいたい99パーセントが分解され、腐植として残るのは1パーセントほどです。

すなわち、生き物の死骸や糞尿を二酸化炭素やメタン、一酸化二窒素などに分解することができなければ、地球上には分解されない糞尿や死骸があふれることになるわけです。

そして、温室効果ガスとして問題になっているから何とかしなければとがんばると、かえって事態を悪化させることもよくあります。

よく話題にされる、稲作のメタン放出削減を考えてみましょう。稲作はコメを水田に植えて育てます。水田を耕して水を張ると、また分解しきれていない稲のワラなどの有機物が水中で分解することになります。空気が土の中にないた

め、嫌気性細菌が働いて有機物の分解を進めていくのですが、この時にメタンが発生します。

そのため、水田から発生するメタンを問題視する人は、稲作の栽培時に行われる中干しと呼ばれる期間を長くとることを提案します。中干しとは、水を抜いて土中に空気を入れる栽培テクニックのことで、水中で発生するメタンや硫化水素を発生しないようにすることで根が腐るのを防ぐ効果があります。

しかし、中干しをすると、土中に空気が入るので今度は好気性の細菌が働くようになり、やはり有機物を分解するようになるのですが、この好気性細菌が一酸化二窒素を放出するのです。もっとも、窒素肥料の投入が少ない場合、排出される一酸化二窒素の量は少なくなるようです。

ここで、「ちょっと待て」とおっしゃる方がおられるでしょう。中干しをすることによって理屈の上では一酸化二窒素が出ることになるが、実際に中干し期間を長くとって栽培試験をすると、ほとんど一酸化二窒素は出ないというデータがあるではないかと考える方です。

農研機構などの研究によれば、確かに〝栽培期間中〟に中干しの期間を長くとればメタンの発生が抑えられ、一酸化二窒素はほとんど出ないという結果が出ています。

一酸化二窒素が中干し期間中に出ないのは確かなようです。では、なぜ中干し期間中にメタンが発生せず、なおかつ一酸化二窒素が発生しないのでしょうか？　おそらくは水田が湛水《たんすい》状態から乾燥状態に移る際に発生するガスが、メタンから一酸化二窒素に移る水分率の分岐点があるはずです。中干しは、からからに乾燥させるようなことはしません。水田に水がなくなり、土はまだ湿っているが、多少ひび割れる程度で止めるのが普通です。おそらくこの時期の水田の水分率は、メタンの発生が止まり、かつ一酸化二窒素が発生する前段階にあるのだと考えられます。

言い方を変えると、中干しをやっている時期は土壌の水分率の関係で有機物の分解が止まっているだけで、この時期に分解しなかった有機物は後の時期に分解されるはずなのです。後の時期とは、中干しを終えてコンバインが入れるように乾燥させた土壌になってからです。この時期の水田には降雨以外に水が入ることはありません。また田起こしと言ったりしますが、稲刈りの後、鋤《すき》を使って粗起こしをして土中に空気を入りやすくすることもよくあります。この時期に中干し時に分解しきれなかった有機物が分解されると考えるのが自然でしょう。

100の有機物が入ると、1は腐植として残ると申し上げましたが、99の有機物は遅かれ早かれ分解するのは間違いないわけです。栽培期間外は乾田状態にあるわけですから、一酸化二窒素が排出されないはずがありません。

メタンと較べて一酸化二窒素の温室効果は約10倍ですから、中干し期間中のメタンの排出を減らす代わりに、もっと温室効果が高い一酸化二窒素を放出してしまうのです。しかも悪いことにメタンは空気中で分解されるまでに12年程度ですみますが、一酸化二窒素は10倍の120年もかかります。

あり得ないことですが、もし今の時点で地球上のメタンの放出を全てゼロにできたとしたら、12年で空気中にあるメタンはゼロにできます。しかし一酸化二窒素の放出をゼロにしても、空気中からゼロにするのに120年かかるのです。それなら、メタンを出す方がまだましではないでしょうか？

にもかかわらず、現在の世界はメタンを悪者にすることに懸命で、一酸化二窒素はなぜか話題にされません。水田から出るメタンや牛の「ゲップ」ばかりが問題にされ、メタンよりも質の悪い一酸化二窒素が問題にされない。これが私には不思議でしょうがありません。陰謀論に与《くみ》したいわけではありませんが、何か闇の力が働いているのではないかと勘ぐりたくなります。

実際、一酸化二窒素をやり玉にあげると、欧米のような畑作の多い国は稲作の多い国から叩かれることになるはずで、批判を避けるためメタンの害を強調しているのかもしれません。

現実の一酸化二窒素は、窒素肥料が大量に投入されるとたくさん出て、そうでない場合は少なくなる傾向にあります。また放出時期が冬なら低温により分解がゆっくり進んで土壌微生物が別の形にして窒素を保持してくれるかも知れません。

そのため、多くの科学者の言うことが間違っていて、私の説が正しいとまで言うつもりはありませんが、中干しする時期だけでなく、栽培をしていない時期の放出量も見ておくべきでしょう。また投入する肥料によっても温室効果ガスの放出量も違ってくるはずです。そうしたところもしっかり見ておかないと、温室効果ガス削減ができたと勘違いして、実際はできていないことになりかねません。

ちなみに稲ワラなどの有機物は、農地にすき込んでメタンや一酸化二窒素を出すくらいなら地球温暖化を防ぐために燃やした方がもっといいはずです。燃やしてしまえば、二酸化炭素は出ますが、二酸化炭素より温室効果が何十倍、何百倍も大きいメタンも一酸化二窒素も発生しないからです。

言い換えると、近年問題にされることの多い日本の農家の行う野焼きは、地球温暖化を防ぐ最も合理的な手段なのですが、野焼き反対派の言うことを聞けば、二酸化炭素やメタンより質の悪い一酸化二窒素をより多く出すことになるわけです。

もちろん、野焼きに問題がないわけではありません。誰でも思いつくのは、燃やしてしまうと土の中に有機物が供給されないので、土が豊かにならないではないかという疑問でしょう。その通りです。作物残渣は有機物のひとつですが、燃やしてしまうと少々の灰が残るだけで、有機物は土壌にほとんど残りません。そんなことをくり返していくと、土地が痩せていくことになります。

動植物の死骸や糞尿といった有機物は、全てが分解してメタンなどの温室効果ガスになるわけではありません。ごく一部、1パーセントほどは、先に述べた腐植と呼ばれる形で土中に残ります。この腐植と呼ばれる物質と粘土など鉱物が混ざったものが、いわゆる土（土壌）になります。

腐植は、窒素・リン酸・カリといった肥料の3要素のみならず、植物が育つのに必要な栄養素を保持しますから、腐植があればあるほど、それも深いところまであるほど良い土になります。

腐植が1年でできる量は、有機物の1パーセント程度と、きわめてわずかに過ぎません。土壌の研究者によれば、日本の田畑で作られる土壌は、1万年で深さ1メートルだそうです。たとえば耕土の深さが30センチの耕地があるとすると、1センチ土壌が深くなるには100年、10センチ増やすには1000年かかると言うことです。逆に言うと1センチの表土が消失すれば回復に100年かかることになります。工業的に土を生産することは、今のところできないので、いかに既存の土が大切か分かります。

土壌には炭素を保持する能力もあります。そのため、前述したように炭素を地中にため込む方法として不耕起栽培が注目を浴びています。これは4パーミル・イニシアチブと呼ばれる運動がかかわっており、「世界の土壌炭素を毎年0・4パーセント増加させることができたら、大気中の二酸化炭素濃度の上昇を止められる」という考えがベースになっています。ここでいう土壌炭素を毎年0・4パーセント増加させる方法として、不耕起栽培が有効だとされているのです。

なぜ不耕起にすると炭素を地中に貯めやすくなるかというと、有機物がゆっくりと分解されることがポイントのようです。

通常の栽培では、有機物である堆肥を散布した後、ロータリーで土壌を攪拌《かくはん》したりして土中に埋めてしまいます。栄養は植物の根が張るところにあるといいからです。また、表土の上に落ちている時より土中の方が分解が速くなります。植物体の中でも柔らかい部類に属するであろう稲ワラでも稲刈りを終えた田んぼに放置していると半年経ってもなくなりませんが、土中に埋めてしまうと分解していきます。

分解が速いということは、それだけ大量の温室効果ガスが短時間で放出されるということです。土の上でゆっくりと有機物が分解していった場合なら温室効果ガスを微生物などが取り込んで土中に留めるところが、処理し切れないので温室効果ガスがより多く大気中に放出されます。

土壌の炭素が増えると同時に土の肥沃度も上がるので理想的な方法のようにも思えますが、そんなことが本当にできるのか？　かえって状況は悪化するのではないかと考える人も少なくありません。

理由は簡単で、土を作っていくには先に説明した物質循環の仕組みの通りに有機物を土に投入し続けなければならないのですが、投入した有機物の99パーセントは二酸化炭素なりメタンなり一酸化二窒素として大気に放出され、土壌には1パーセントほどしか残りません。むしろ温室効果ガスをより多く排出してしまうことになりかねないわけです。その上1パーセント程度しか残らない腐植の中でその4割に相当する炭素を保持できるのかも疑問です。地質や気温などの影響もあるでしょうし、実現不可能ではないかとする意見も相応に力を持っています。

また、永続性にも問題があります。土壌炭素は増やそうとすれば増やせますが、いずれ限界に達します。土の種類にもよりますが、一定の水準以上は増えなくなり大気中に放出されるようになるようです。そして継続的に有機物が投入されるような「管理」がされなくなると、何年かすると元の炭素量まで戻ってしまうとされています。そのため、やっても効果は数十年しか持たないだろうと考える人も少なくありません。それでもやる意義はあるとされているのですが……

また、不耕起栽培をするには新しい農法を開発しないと難しいことが多いというのも指摘しておくべきでしょう。不耕起栽培は、文字通り耕さないので、農地を耕すためにトラクターなどを使って土を掘り起こすことがありません。そのため燃料代が助かるメリットがありますが、耕作しないことで栽培や収穫が困難になるケースも出てくるでしょう。

最初に考えられるのは雑草の問題です。農地を耕す耕起という作業は作物が育ちやすいように土を柔らかくするために行われますが、同時に物理的に雑草を除去する目的もあります。その耕起をしないのですから除草を行わねばなりません。

耕さずに除草する技術で今最先端を行っているのは、バイエルなど遺伝子組み換え作物を作ってきた種子メーカーです。ラウンドアップ（グリホサート）という除草剤をかけても枯れない遺伝子組み換え作物を開発・普及させることで大規模不耕起栽培の道を開きました。もっともラウンドアップをかけても枯れない雑草も出てきて、農家を悩ませています。

そのため、住友科学が開発した新しい除草剤であるＰＰＯ阻害剤ラピディシル（薬剤名エピリフェナシル）に耐性をもつ作物が現在開発中です。ＰＰＯ阻害剤とは葉緑体の生合成をできなくして枯らせる除草剤で、ラピディシルはその中でも幅広い雑草に効き、低薬量で効果が早く出ることが既存剤よりも優れています。


閑話休題。そんな困難も予想されている中、日本は、別の方法も考えます。ひとつは東北大学が２０２２年より始めた市民科学プロジェクト「地球冷却微生物を探せ」です。これは全国のボランティアが日本各地の土（砂も含む）を収集し、かたっぱしからガスクロマトグラフィーにかけて一酸化二窒素を吸収する微生物を、そして将来的にはメタンも吸収する微生物を見つけ出そうとするプロジェクトです。

地中に一酸化二窒素やメタンを吸収する（食べる）微生物がいることは以前から知られていますが、どれがどのくらい吸収してくれるのかは、まだほとんどわかっていません。それを見つけようとしているのです。

１０００ほどのサンプルが集まった段階のデータを見せていただいたことがあるのですが、地域や地勢（農地・水田・山林・砂浜・河川敷など）によって一酸化二窒素の放出量には大きな違いがあり、中には少ないながらも一酸化二窒素を吸収する土もありました。しかしながら最も一酸化二窒素を吸収する土でも最大放出する土の3パーセントほどしか吸収しません。しかし、収集される土が万単位、あるいは外国にまで探索の手を広げれば、とんでもない微生物が見つかる可能性はゼロではないでしょう。もし、そんな微生物が見つかれば、その微生物をどう使えば一酸化二窒素削減につなげるか……ただ培養してばらまいても多数の土着菌に駆逐されますから、そうならないようにするなど工夫が必要でしょう。もちろん微生物レベルでの環境破壊（バイオハザード）を起こさないようにする土壌管理のノウハウも作らなければなりませんが、夢のあるプロジェクトです。

もうひとつは、「みどりの食料システム戦略」に明記されている方法で、数百年は炭素を安定して固定できます。バイオ炭の農地への投入です。

◉温室効果ガス削減の切り札はバイオ炭か？

日本バイオ炭普及協会によると、バイオ炭とは「生物資源を材料とした、生物の活性化および環境の改善に効果のある炭化物のこと」を指します。要は木炭や竹炭といった植物から作った炭と、動物などの骨を炭化した骨炭を指します。ポリアクリロニトリルなどで作られた化学繊維を炭化させた、いわゆる炭素繊維などは対象になりません。

このバイオ炭の農地への大量投入は農地に炭素を溜める、最も安定した方法だと考えられます。なぜなら、バイオ炭は、安定した炭素の塊《かたまり》で容易に分解しないため、燃やさない限りは酸素と結びついて二酸化炭素を大気中に放出することがないからです。

もっとも全く分解しないわけではなく、木炭の場合では１００年で残存率０・89となるため、１００年で1割ほど分解はするようです。よく炭は分解されないと言う方がおられますが、10年、20年ではほとんど分解しないため、そう見えるのでしょう。

もともと農業では、バイオ炭は昔から土壌改良剤として使われていました。日本で主に使われていたのは、もみすりと呼ばれるコメのもみの皮をむいて玄米にする時に発生する「もみ殻」を炭化させてつくった「燻炭《くんたん》」です。

なぜバイオ炭が土壌改良剤として使われたのかと言うと、土の通気性や保水性、保肥性の向上に役立つからです。有用微生物の住処《すみか》にもなります。

バイオ炭は多孔質と言ってスポンジのように細かな穴が表面から内部までたくさんあいています。穴の大きさは大きなもので10〜40マイクロメートル、小さいものだと1〜5ナノメートル程度になります。なので大きいもの以外、肉眼ではほとんど見えません。

たくさんの小さな穴は炭の表面積を増やします。木炭の場合、樹種によって違いはありますが、炭1グラムは200〜400平方メートルの表面積があります。この、たくさんあいている大小の穴と、穴によって作られている表面積の広さが、炭に稀有《けう》な機能を持たせています。

列記すると

◉水持ちが悪い田畑に入れると炭が水を保持するので水持ちがよくなる。
◉アルカリ性のため、酸性土壌の多い日本の土のｐＨが調整できる。
◉アルカリ性のため、酸性土壌では繁殖しにくい有用微生物の住処になる。
◉土の上にまくと黒いので地温を上げられる。

などです。

温室効果ガスを減らす立場で考えると、バイオ炭自体が安定した炭素（空気中に放出されない炭素）の塊であるのに加えて

◉温室効果ガスを吸収して保持するので空気中への放出量を減らせる
◉結果として肥料の効率向上

が期待できます。

先述したように地球上の動植物は、死体や老廃物（糞など）が虫や微生物のエサとなって分解する時に温室効果ガスを出します。こうして生み出される温室効果ガスは、普通は大気中に放出されるのですが、バイオ炭は、これを吸収する性質を持っています。

たとえば堆肥を作る場合、牛糞などを積み上げて嫌気発酵（空気がない状態で発酵させること）させますが、この時にメタンガスが発生します。しかし、研究によれば、堆肥材料として全体の3分の1ほどバイオ炭を混ぜると、放出するガスを吸収してしまうそうです。畜産農家には「堆肥の切り返しが不要になる」と言った方がわかりやすいかも知れません。

		pH6.5以下とする作物（注2）	pH6.5以下とする作物	pH5.5以下とする作物
		ほとんどの作物	ジャガイモ、サトイモ、ショウガ、ニンニク、ラッキョウ等	茶等
黒ボク土	圃葉施用量	227t/ha	113t/ha	pH上昇に注意して施用
	容積あたり施用量（注1）	20%	10%	
未熟土	圃葉施用量	22.7t/ha	施用しない	施用しない
	容積あたり施用量（注1）	2%		
その他土壌	圃葉施用量	113t/ha	57t/ha	pH上昇に注意して施用
	容積あたり施用量（注1）	10%	5%	

令和2年度農地土壌炭素貯留等基礎調査事業報告書（農研機構農業環境変動研究センター）より。注）容積あたり施用量は苗床等を想定した値、一部の作物ではpH7程度でも生育可能だが、pH6.5までを許容するものとして上限を設定。
https://www.maff.go.jp/j/seisan/kankyo/ondanka/biochar01.html

すなわち、本来なら空気中に放出されるガスを炭が吸収（保持）すると、当然放出量は大幅に減ることになります。

バイオ炭に吸収された堆肥由来のメタンは、肥料成分として土中で少しずつ放出されることになり、一緒に散布された分解されやすい堆肥の肥料成分が消失したあとも効き続けます。そのため肥料も節約できるのです。

ただ、バイオ炭の投入も限度があります。大量に入れると土壌がアルカリ性に傾き、多くの作物が生理障害を起こすようになってしまいます。だいたいpHが6・5以上になるとほとんどの作物で不都合が起こりやすいとみられているため、農水省はそこまでpHが上がらないように投入量の目安を出しています。

　土壌によって違いがありますが、最大で1ヘクタールあたり227トン、土と作物によっては使ってはいけないケースもあります。

　そのあたりも勘案して、仮に日本の農地に年間1ヘクタールあたり1トンのバイオ炭を投入するとします。日本の農地の半分程度、230万ヘクタールに入れるとすると、年間230万トンの炭素が固定されます。これは日本の農業が放出する温室効果ガス排出量5000万トンの4・6パーセントに相当しますと言いたいのですが、炭は100パーセント炭素でできているわけではなく、木炭の場合で77パーセントの炭素含有率なので、木炭のみを使う場合、4・6パーセントの4分の3の170万トン程度になるでしょう。

　また、炭を地中に投入すると地中で発生するメタンや一酸化二窒素を一部吸収し、大気中に放出させない効果も見込めます。ただし、これが実現しても、入れられる上限が227トンですから、入れ続けられる期間はせいぜい200年程度です。

　1ヘクタールあたり1トンのバイオ炭を入れると簡単に書きましたが、実際には、これほど多くのバイオ炭を確保するのは容易ではありません。バイオ炭の代表例として木炭を挙げると、国内で生産されている木炭（黒炭、白炭、粉炭、竹炭、オガ炭）は2017年の数字で2・3万トン、輸入は12・5万トンで、合計15万トンもありません。

温室効果ガス削減の国家目標を達成するには、バイオ炭は輸入するのではなく、国内で生産しないと意味がありません。国内でバイオ炭を生産しないと、日本の温室効果ガスの削減にはならないからです。

農水省がみどりの食料システム戦略を策定した際、いったいどの程度のバイオ炭を農地に投入しようとしているのか明らかにしなかったのは、どの程度木炭を増産できるのか未知数だからではないかと思われます。そうした事情もあるのでしょう。農水省は、国内木材を使った高層木造建築物の建設推進や改質リグニンによるバイオ素材の開発・生産も推進するとしています。改質リグニンとは、木材に多く含まれているリグニンと言う成分を化学的に作り替えたもので、プラスチックや合成樹脂の代替物になります。

こうした木材由来の製品作りを推進していくことで国産の木材のニーズ（需要）を作りだし、木を伐ったところにはエリートツリーと呼ばれる成長の早い木を植えて二酸化炭素を吸収させて温室効果ガス削減を狙うということです。

そして木の製品化の中で出てきた木材の切れ端などを炭にして農地に投入となるのでしょう。最近チラホラ見かける、木材で作られた何階建てかのビルなども、数十年後解体される時にはバイオ炭にして農地に投入することにもなるのでしょう。

しかし、当面は主原料になる木の切れ端の「生産量」はどうしても少なくなりますから、あまり多くの炭の生産は難しいでしょう。

問題は、この方法は短期的には森林の二酸化炭素吸収量を減らすことです。既存の木を伐採して若木を植えると、木が生長するまでの二酸化炭素吸収量は減るからです。そして生長した木をまた伐採して建材にして若木を植えるわけですから森林の炭素吸収量は今よりも減ることになる可能性が高いでしょう。

バイオ炭になるのはその他にも草やもみ殻、稲ワラや木の実などもあります。これらを使うとしても量は知れたものです。そのため、農水省は炭化して農地に入れるものとして国内で生産されている木炭のほかに、家畜糞尿由来、製紙汚泥、下水汚泥由来の炭化物も使えないかと考えています。しかしこれは乾燥させないといけません。そのままでは水分が多すぎて燃えないからです。

たとえば水分率の高い乳牛の糞尿を乾燥させるとしましょう。乾燥には広い場所で天気の良い日に高さ1センチくらいで広げて天日干しするなら、たいして化石燃料は使わないでしょう。実際はそんなスペースはないので、水分の多い乳牛の家畜糞尿は、数十センチ～3メートルくらいに積み上げて、表面が乾燥したら切り返しをくり返して徐々に水分を減らします。日本は農家でも土地の余裕はないため、一般には広い土地を使って自然乾燥させるよりも、エネルギーを使って乾燥させることが多くなっています。そもそも燃えにくいものですから、速く乾燥させようとすると大量のエネルギーを使うことが避けられません。その大量のエネルギーが、自然エネルギーなら問題はないかも知れませんが、そうでないなら、相当な化石燃料を費消することになるのは間違いありません。もし、この過程で炭化することで得られる炭の量よりも多くの二酸化炭素を排出していたりしていては本末転倒です。

先述したように、バイオ炭による炭素固定は方法としての確実性は高いのですが、１００万トンクラスの大量確保は簡単とは思えないため、切り札になるほどの効果は見込めないでしょう。確保できたとしても温室効果ガスの排出量は５０００万トンもあるのですから。

◉畜産なしには温室効果ガス削減は不可能だ

畜産に厳しい目が注がれています。特に牛がやり玉にあがっています。なぜかというと、ひとつには牛と人間と食料の奪い合いがあると思われていること。もうひとつは、牛が温室効果ガスであるメタンを排出することが問題視されています。牛は、エサを消化する過程でメタンをゲップとして排出します。

まずは家畜と人間の食料の奪い合いについて述べていきましょう。家畜を育てるのにはエサが必要です。例として牛を挙げると、牛が家畜として世界中で飼われてきた最も大きな理由は、田畑を耕すなど、人間の活動を助ける、使える大型動物であったこと。そして、人間と食料の奪い合いをすることがなかったからです。

牛の主食は草です。草は人間が食べられないので、牛を飼うことで食料が不足することはないのです。牛が好んで食べる草は牧草と呼ばれますが、この牧草も多くの場合、人間が食べる穀物が育てられない土地で栽培されるので、人間との食料の奪い合いは事実上起きなかったのです。

一部地域に、昔から牛に穀物を与える伝統があったりもしましたが、長年世界中で牛は耕作だけでなく人間が食べられない草を肉という食料資源に変える役割を果たしてきました。

様相が変わってきたのは、18世紀です。アメリカで豊かな地力を生かして大量に穀物が作られ、人間だけでなく家畜に穀物を与える余裕ができました。なぜ家畜に穀物を与えるようになったかと言うと、いわゆるサシの入った霜降り肉がおいしいので高く取引されたからです。

よく「欧米では霜降り肉が好まれない」と言う方がいらっしゃいますが、もともと欧米人は霜降りが好きだったのです。イギリスなど霜降り牛肉はあこがれの対象で、霜降り牛のブロマイドまで売られていました。だからこそ、明治時代に神戸にやって来た欧米人が日本で食べた霜降り和牛のおいしさにがく然として、神戸ビーフが世界的に知られるようになったわけです。

しかし、日本が開国した19世紀半ば、豊かになったアメリカで太り過ぎを気にする人が出てきたのでしょう、ダイエットの広告が新聞などに掲載され始めます。1900年には冷蔵船が開発され、アメリカからヨーロッパに大量に牛肉が輸出されるようになり、ヨーロッパでもふんだんに牛肉が食べられるようになりました。そして目立ってきたのが、欧米人の肥満です。

白人は日本人から見ると大食な上に食料事情も昔と較べて良くなっているため、必ずしも牛肉だけが肥満の原因ではなかったとは思います。しかし原因のひとつと考えた彼らは食の節制を迫られました。しかし、なかなか牛肉の節制はできなかったため、やむなく脂肪の少ない赤身肉でもいいから食べたいとなったということのようです。

そのため神戸ビーフのみならず、松阪牛を始めとした和牛のブランド力は今なお欧米でも維持されています。日本にやってきて和牛のステーキを食べた欧米人の動画がたくさんアップロードされているのはその証拠と言ってもいいでしょう。

話を戻します。先に書いたようにかつては競合しなかったものの、現在のエサの中には人間の食べ物と共通するものがあります。やり玉にあがっているのは、麦やトウモロコシなどの穀物です。農林水産省の試算によれば、日本の家畜の飼い方（飼養方法）でトウモロコシ換算した畜産物1キログラムの生産に必要な穀物量（飼料効率という）は

牛肉11キログラム
豚肉7キログラム
鶏肉4キログラム
鶏卵3キログラム

です。言い換えると、その穀物を家畜に食べさせなければ、将来世界の人口が100億人に

なっても全員が食べていけるという論理なのでしょう。

近年トウモロコシは全世界で10億トンほど作られていますが、そのうちの3分の2が家畜の飼料用として使われています。そのため、人口が増えてくると人間と食料が競合することになると考えてしまう人がでてくるわけです。

実際には、家畜に使われる穀物のうち、人間と競合していると言えるのはトウモロコシくらいです。肉用牛の場合を挙げてみましょう。肉用牛で使われる飼料は、一般にトウモロコシ、ふすま（小麦）、大麦、大豆かすです。

小麦は、商品として加工したあとに残る食品廃棄物である「ふすま」が飼料に使われます。大麦はビール以外の用途は大部分が家畜の飼料になっていますが、ビールを搾ったあとの廃棄物であるビールかすも多くが飼料に回されます。大豆も生産量のほとんどが油をとるのに使われて、残りかすが飼料に使われます。

日本人はみそや醤油、麦茶に納豆、麦ご飯に枝豆煮豆など、麦や大豆を使った食品を日常的に食べる習慣があるので、家畜の食べる穀物が全て競合しているように見えてしまうのは無理からぬところがあります。しかし世界的な視点で見ると穀物由来の食品を作った後に出る廃棄物の多くが家畜の飼料として使われているので、実際はそれほど競合しているわけでもないのです。むしろ、家畜は食品廃棄物を上手に処理する手段になっています。

さらに、世界には家畜がいなければ人間が生きていけない地域もあります。典型例が乾燥地帯（砂漠地帯）でしょう。乾燥地帯では植物が少ないため、ラクダやヤギなどの家畜のエサを求めて遊牧民は移動していきます。家畜の食べる草は人間が食べられるものではないので、家畜を通して食べられない草を乳や肉に変換して遊牧民は生きていると言ってもいいでしょう。

近年、そんな現実を思い知らされた国があります。サウジアラビアです。サウジアラビアは日本の5・7倍の215万平方キロの面積を持つ中東最大の国で、世界有数の産油国でもあります。中東最大の面積がある国とは言え、国土の8割が砂漠なので、農業にはあまり適した国ではありません。サウジアラビアの農業といえば、かつてはオアシスで作られるナツメヤシや放牧民の牧畜くらいしかありませんでした。穀物もわずかな量が作られていましたが、砂漠の国で3700万人の人口を養うのは不可能です。

お金は持っている国なので、食料を輸入するのに不自由はないものの、食料自給率が低いままではいけないと考えたサウジアラビア政府は、1980年ごろから穀物自給率向上に熱心に取り組んできました。幸いなことに砂漠の下には豊富な地下水が眠っていることがわかっていましたので、アメリカからセンターピポットと呼ばれる灌漑《かんがい》設備を導入しました。円形の農地の中央にスプリンクラーを設置して井戸水を汲み上げ、コンパスよろしく円形に水をまいて作物に水をやるシステムです。そうやって小麦など穀物栽培を始めたのです。

農業にかかる費用は全て政府が半額補助する政策もあり、サウジアラビアは穀物生産を急増させ、ピーク時の1993年には504万トンを生産し、国外に輸出するまでになりました。

しかし豊富だと思えた地下水は、実際はそれほど豊富ではなかったのです。そのため、農地が増えれば増えるほど、地下水の水位は見る見るうちに下がっていきました。

これでは数十年のうちに地下水は枯渇してしまう……地下水枯渇におびえたサウジアラビア政府は穀物増産政策を撤回し、昔ながらの牧畜に回帰しています。

個人的には、サウジアラビアはアメリカ式の水を多用するセンターピボット農法ではなく、点滴灌漑を採用すればもう少し粘れたのではないかと思います。点滴灌漑とは文字通り点滴のように水を作物のそばにポトポト落とし、作物に必要な水だけしか与えない農法で、最小の水量で最大の収穫を目指す節水型の農法です。しかし、この農法の最先端技術を持っているのはイスラエルですから、アラブの大国を自任するサウジアラビアでは導入できないのでしょう。

飼料効率をやり玉にあげて、我々が肉を得るためにどれだけ多くの穀物を「無駄遣い」しているかのように指摘する論者は、ひとつ忘れていることがあります。家畜は牛乳や卵、そして肉を生み出すだけでなく、糞として有機肥料（堆肥・厩肥《きゅうひ》）を生み出していることです。

化学肥料の削減を目指すなら、代わりに自然の肥料が必要です。自然の肥料、すなわち堆肥には大きく分けて落ち葉や草木などでつくる植物性のものと、主に家畜の糞を使う動物性の2種類があります。また、緑肥といいますが、空気中の窒素を取り込んで土中に残すマメ科植物を植えて農地を肥やすこともあります。

緑肥は別として、植物性の堆肥は落ち葉や雑草、木の枝など材料を集めるのに手間がかかることが多く、作るのに最低でも数ヵ月、分解の遅い木質堆肥など、場合によっては年単位の時間がかかることもあります。江戸時代、動物性肥料は家畜糞と人糞、イワシやニシンなどを使った干《ほし》鰯《か》が使われていましたが、それだけでは肥料を賄えなかったため、近くに山がある農家は「草山」を持っていることもありました。草山とは樹木を伐採して草地にした山のことで、ここから草を刈ってきては肥料作りにいそしんだのです。必要な草の量は耕地面積の10倍以上だったと言います。10アールなら1ヘクタールの草山を持っていなければ肥料成分が不足したのです。

歌川広重「像頭山遠望」

東海道五十三次の浮世絵で有名な歌川広重《うたがわひろしげ》は東海道のみならず全国各地に旅して浮世絵を描いていました。広重の浮世絵に今の香川県にある象頭山《ぞうずざん》（琴平山）を描いた「象頭山遠望」があります。象頭山は横に長い山で、片方の端には金刀比羅宮、いわゆる「こんぴらさん」があります。当然、神様がいますから地元で大切にされていた山だったはずです。

しかし、広重の絵を見ると山の大部分の木が切られてしまってはげ山になっています。金刀比羅宮の周囲はさすがに伐採されていませんが、金刀比羅宮がなければ全てはげ山にされていたでしょう。建築材や薪を得るために山の木を伐採し、はげ山になったら、肥料として草を採る山になっていたとみられます。こんな山は全国各地にありました。江戸時代の日本の人口は3000万人くらいだとされていますが、たった3000万の人口を養うにも日本の多くの山をはげ山にしなければ肥料を確保できなかったのです。

対する動物性の堆肥は、材料の糞尿の収集が植物性よりも容易で、作るのも植物性ほどに時間がかかりません。

歴史をひもとくと、化学肥料が普及するまで人間や家畜の糞は貴重な肥料でした。世界史を習った方は、中世ヨーロッパでは三圃制《さんぽせい》農業が行われていたと学んだのを覚えておられるでしょう。三圃制とは農地を3分割して、ひとつの区画で1年目、2年目は麦をまき、3年目は休耕して何も作らないで1年置き、4年目には1年目に戻って麦をまくというように3年のローテーションを組んで栽培をしていました。

なぜそんなことをしていたのかというと、ヨーロッパでは土地が痩せており、ひとつの区画で3年続けて作物を作ることができなかったからです。3年目の休耕時には牛など家畜を放牧して雑草を食べさせます。家畜は糞をするので、その糞を肥料にして翌年からまた作物が作れるようになりました。化学肥料なき時代、家畜の糞はなくてはならない、ないと作物を作れないほど重要な資源だったのです。

日本においても事情は同じでした。日本はヨーロッパよりも土地が肥えていたのか、麦より肥料要求量が少ないコメを多く栽培していたからか、三圃制のような農法をせずともどうにかなりました。空気中の窒素を固定して肥料にしてくれる大豆の栽培も盛んでした。さらに江戸時代には、当時豊富にとれた魚も肥料として使用していました。が、それでも足りなくて家畜の糞尿は人糞尿と同様、貴重な肥料として使われていたのです。当時世界有数の大都市だった江戸の人糞尿も田舎に運ばれて使われていたくらいでした。

ヨーロッパや日本だけではありません。化学肥料が買えない国はもちろんのこと、買える国でも依然として家畜の糞尿は今なお重要な肥料であり続けています。なぜなら家畜の糞尿は窒素・リン酸・カリといった植物が必要とする三大栄養素のみならず石灰や苦土《くど》を始めとした多種多様な成分に加えて、多くの有機質が含まれているからです。

そうした事情があるため、もし全世界の家畜を、たとえば今の半分に減らしたとすると、これまで家畜糞尿から供給されていた肥料成分を何かで補う必要があります。先に述べたように植物性肥料の場合、材料収集や堆肥化に手間ひまがかかりすぎるだけでなく、現在の人口を養うだけの量の確保も困難です。20世紀初頭の人口20億人に満たなかった時代でも確保が難しかったのに今の人口は80億、そして100億に達しようとしています。そうなると生産量を維持するには化学肥料の使用量を増やさざるを得なくなるでしょう。

とはいえ、家畜の飼育に問題がないわけでもありません。実は、それだけ貴重な家畜糞尿は、先進国・工業化した国では、ありすぎて邪魔になっていることも多いのです。どういうことかというと、畜産農家・企業が大型化し、特定地域に集中するので、畜産が盛んな地域では家畜糞尿が余りまくって環境汚染を起こし、そうでない地域では容易に手に入らないので化学肥料に頼るといった、ちぐはぐな状況に陥っていることがままあるのです。

アメリカの場合、農務省の経済研究局（ERS　Economic Research Service）が2009年に調査したところによると、2006年におけるアメリカ全体の作物栽培面積は1億2780万ヘクタールで、そのうち家畜糞尿が肥料として使われた面積は5パーセントほどしかありませんでした。なぜそうなるのかというと、大規模な畜産農家（企業）がアメリカ各地にバランスよくあるのではなく、畜産が盛んな一部地域に集中しているからです。

日本でも同様の問題はあります。今は規制が進んでいるので目立ちませんが、かつては家畜糞尿が肥料としてさばけず、畜産農家の農地に必要以上にまかれて地下水汚染を引き起こしたといったこともよくありました。反面、家畜糞尿由来の堆肥が欲しくても手に入れにくい地域もあるのです。ある地域では邪魔な廃棄物かと思えば、別の地域では畜産農家が堆肥を作ると、野菜農家が早い者勝ちで買いに来るという需給ギャップがあるわけです。

先に述べたように、畜産の中でも牛が注目される理由の第二は、牛がエサを消化する過程でメタンをゲップとして排出するからです。これは牛のみならず、羊やヤギなど、反芻《はんすう》動物といわれる動物の特徴です。反芻動物は、4つの胃袋をもち、第一胃にいる微生物がセルロースなどの草の繊維質を分解します。このセルロースを分解する時に発生するのがメタンで、牛は不要なメタンを排出するためにゲップをするわけです。もっとも食物の分解過程で必ずメタンが発生するわけではなく、メタン生成菌がいなくなっても他の菌が働くので牛の生理上問題はないようです。

牛のメタン問題がやっかいなのは、前述のように牛のメタン放出は生物種としての特徴であり、それ自体自然の営みであることです。しかし人口が増え、しかも比較的豊かに暮らせる人が増えたことで牛肉や乳製品の需要が高まって、かつてよりも多くの牛が飼われることになったために問題になったわけです。

実際どれほど増えたのか。1875年（明治8年）、日本の人口は3500万人ほどで、牛の飼養頭数は100万頭程度でした。当時の牛は、ほぼ農作業用として飼われており、同じ目的で馬も150万頭ほど飼われていました。人口比にすると13人に1頭くらいの割合で牛馬が飼われていたと言えます。

馬は1930年ごろから減り始め、2018年の飼養頭数は約7万6000頭です。牛も農作業に使われることはゼロになり、代わりに乳牛と肉用牛が増えて、合わせて400万頭ほど飼われています。現在の日本の人口は1億2000万人程度ですから牛は30人に1頭飼われている計算になります。人口比でみると、かなり牛の数は少なくなっているように見えますが、日本の生産量の倍近い牛肉が輸入されていますから、それを考慮に入れると10人あたり1頭程度飼育しているに等しいと見ていいでしょう。他の国は知りませんが日本に限れば、輸入も含めて150年で人口あたり3割程度しか牛の数は増えていないのです。これを多いと見るか、少ないと見るかは議論が分かれるでしょう。

さて、メタンの排出を減らす方法として、家畜分野で現在試みられているのはふたつです。ひとつは1頭の牛が出すメタンガスの量を減らすアプローチです。オーストラリアで、ある種の海藻を食べさせると有効だといった研究が発表されています。ほかにもカシューナッツの殻から抽出した液を使うなど、いくつかの方法が研究され、一部は実用化しています。日本企業も出光興産のグループ会社などいくつかの会社がすでにメタン削減飼料を開発し、一部の畜産農家が使っています。

もうひとつは、フェイクミートやクリーンミートと呼ばれる、代替肉を普及させることで、牛肉の市場を縮小させ、結果として牛の頭数を減らすアプローチです。

フェイクミートは、大豆など植物性の食品材料を使って牛肉同様の味をもつフェイク（偽物）の肉です。クリーンミートは牛から取った細胞を培養して肉を作るもので、「培養肉」と呼ばれます。ちなみに、こうした食品を開発する技術は、フードテックと呼ばれています。

フェイクミートは、ヘルシー志向の食品としても注目されていますが、古くから作られてきた食品です。日本での歴史は肉を断つ精進料理から始まります。中でも大豆は植物性たんぱく質が多く含まれ、肉の代わりにするのにも適していました。

培養肉は、近年多くのベンチャービジネスが手がけている、新しいタイプの肉です。バイオテクノロジーの進化によって、たとえば牛から取った細胞を培養して本物の牛肉を作ります。

オックスフォード大学のハンナ・トゥオミストが２０１１年に発表した研究によれば、培養牛肉の場合、従来の牛の飼育と比較して必要エネルギーは最大45パーセント、土地の面積で99パーセント、水量は96パーセント減らせるとのことでした。これは理論上の数字なので実際はもう少し効率は落ちると思いますが、それでも実際に動物を飼うよりもはるかに省資源で肉が作れるようになるのは間違いないでしょう。

現状ではまだ高くつきすぎるのと、筋繊維を作るのが難しい模様ですが……と拙稿を書いている最中に、日本の順天堂大や大阪大の研究が筋繊維を作り出す目処《めど》をつけたようです。２０２１

年4月にはシンガポールでチキンナゲットに加工した培養肉が初めて発売されました。

私は、赤身肉に脂肪を注入して疑似的な霜降り肉にする、牛脂注入肉（インジェクションビーフ）の進化のスピードが遅々としていることから、培養肉の筋組織を作るには何十年か必要だろうと踏んでいました。培養肉にはＧｏｏｇｌｅ創業者を始めとした多くの富裕層が膨大な投資をしていますが、そんな文脈とはおそらく関係がない、日本の大学から突破口が開かれるとは意外でした。

それはともかく、培養肉が安価に供給されるようになる時代は、そう遠くない未来にやって来そうです。

牛の出すメタンを減らすか、代替肉を普及させて必要な牛の頭数を減らすのか？　どちらのアプローチが普及するのか、あるいはどちらも普及するのかは予断を許しませんが、世評ではビジネスとして活気のある代替肉の方が有効だと思われているようです。

もし、培養肉が爆発的に普及すれば、牛の飼育数が激減するので牛由来のメタンガスの排出量も激減します。そのかわり農業生産を維持するには、動物性肥料が不足して、今以上に化学肥料に頼らなければならなくなるのは自明の理です。

温室効果ガスを減らすため化学肥料を削減したいなら、畜産なしではいられないのです。

◉アニマルウエルフェアの留意事項

アニマルウエルフェア（animal welfare）とは、「動物福祉」と訳される考え方です。農水省によれば、「国際獣疫事務局（WOAH）の勧告において、『アニマルウエルフェアとは、動物が生きて死ぬ状態に関連した、動物の身体および心的状態』」のことを指すそうです。要は動物が生きているうちは苦痛のない快適な生活をさせるべきだという考え方です。

私は、この考え方そのものは間違っていないと思いますが、動物福祉を実践しようと主張する人の中には、かなり短絡的にモノを考え、身勝手な人もいると考えています。何が短絡的で身勝手なのか。ペットの去勢を例に挙げます。

現代の日本で、ペットの去勢は当然行われるべきことであると認識されていることに異論のある方はいないと思います。私も、ペットの去勢を否定しません。何のために去勢が行われるのかくらいは知っています。

しかし去勢は、犬や猫の子を産む権利を奪っているのですから、人間の都合で行われる身勝手なもので、行うことに罪の意識も持っています。

かつて日本では、旧優生保護法によって精神障害者などに本人の同意を得ず、強制的に去勢を行うことが認められていました。後年、これは重大な人権侵害として糾弾され、２０１９年には救済法が制定されるに至っています。

動物福祉を主張する人たちがペットの去勢に反対したり、反対はしないまでもペットをできるだけ去勢せずに飼えるようにしようと言うなら、まだ話は分かります。しかし、去勢を議論の余地なく当然のことと考えるのに、私はついていけません。人間に行えば人権侵害と糾弾される去勢をペットに施すことを当然視するなど、それこそ動物福祉に反する身勝手な考え方だと思っているからです。

アニマルウエルフェアを主張する人たちは、多くの家畜動物が苦痛のない、快適な環境に置かれていないのが問題だと言います。そうした主張には、劣悪な環境で虐待される家畜の写真なり映像なりがついてきます。

畜産農家は、こうした家畜の虐待は本当に行われているのかという疑問を持ちます。多くの畜産農家は自分や自分の近隣の畜産農家の畜舎くらいしか見てはいないでしょうが、アニマルウエルフェアを訴える人が紹介しているような虐待を見ることは、まずないと言っていいからです。

そして実際、彼らはそんな写真や映像を見せられて、こんなことを思います。

「（卵をたくさん産んだり、肉を1日1グラムでも多くつけるなど）家畜の能力を引き出すためには、家畜にストレスなく快適に育ってもらわないといけない。これは畜産農家の常識だ。だから、こんなことをやっている同業者がいるとは思えない……」

「アニマルウエルフェアを叫ぶ人がいるけど、自分たちで虐待して『こんなに家畜がひどい状態におかれてる』としているだけじゃないか？　本当にひどいことをしている人がわざわざそんな状態を告発する人に見せたりするのか？」

植物を栽培する場合、植物にあえてストレスをかけることはあります。植物が根を伸ばしてしっかりと育つように、一時期水不足の状態にしたり、待ち肥と言って植物が根を伸ばさないと吸収できないところに肥料を配置したりするようなやり方です。しかし動物の場合は、わざとストレスをかけて育てるなど聞いたことがありません。そんなことをしたら、飼育している自分たちの首を絞めることになります。何らかの事情で家畜の飼育環境が悪くなっていることはあるかもしれませんが、家畜を虐待している農家などいるはずがないし、いても現在の経済環境ではお金を生み出しませんから淘汰《とうた》されてしまいます。

甘くない一例として、日本の和牛飼育で行われているビタミンコントロールを挙げてみましょう。ビタミンコントロールとは、牛の肉にサシを入れるためにビタミンAを制限したエサをやることです。ビタミンAをやらないようにすると肉にサシが入りやすくなるのです。

しかし、この方法は危険を伴います。ビタミンAは必須の栄養素ですから、やらないと牛が育たないことになります。成長に応じて肉が増えませんし、最後には栄養失調で死に至らしめることになります。それでは儲からないので肥育農家はサシが入るビタミン不足状態を維持しつつ、牛が健康状態を保てる量のビタミンをやるようにエサの量と質をコントロールするのですが、牛にストレスをかけてはそんな努力も水の泡になります。

また、家畜のために良かれと思ってやっていることが、家畜飼育に詳しくない人には虐待に見えることはあるでしょう。高級食材であるフォアグラは、ガチョウや鴨に強制給餌させるためアニマルウエルフェア界隈から叩かれることの多い食材です。胃袋まで管を通す強制給餌は人間がやられるとけっこうな苦痛になるので、ガチョウや鴨も同様だろうと容易に思いつきますが、実際はさして苦痛ではないようです。

人間は十分育ったサンマを飲み込むことは不可能ですが、ガチョウや鴨は体の大きさから見ると人間が食べるサンマよりも大きな魚を飲み込みます。そんなことができるのは喉の構造が人間と全く違うからですが、魚を飲み込むのが苦痛なら、彼らはそんなことはしないでしょう。

牛の角を切ったり（徐角）、ニワトリのくちばしを切ったり（デビーク）といった行為が、家畜の虐待のような印象を与えますが、こうした行為は実のところ家畜を保護するために行われます。ニワトリのくちばしや牛の角は、彼らにとって外敵から身を守る武器であると同時に自分たちの仲間を傷つけ、最悪の場合殺す武器でもあるからです。

動物は個飼い（1個体だけ飼う）の場合は別として、複数の個体を飼う（群飼い）とよく序列ができます。たとえば牛2頭なら1頭が強く、もう1頭が弱い立場になります。すると、強い方の牛が弱い牛を角で突いてケガをさせたりします。エサをやっても強い1頭のみが食べて、弱い1頭は残り物しかもらえない、場合によってはエサが食べられないということがよく起こります。幸運にも2頭の相性が良くて仲良くしていたり、力が均衡していてお互いケンカを避けることもありますが、普通は勝った方の地位が上になり、好き放題をやるようになります。

一方的にいじめられる牛がかわいそうですし、いじめを放置していては生産性が落ちるので、いじめが起きないように角を切るのです。とはいえ角を切るのも良し悪しがあって、2頭とも角を切るといじめの構造が変わらなかったりすることもあります。だったらと弱い方の角を切らないでおくと、今度は弱い方の立場が強くなって、逆にいじめ倒すようになることもあったり、なかなか思うようにはいかないこともあるのですが、角を切るのは最も有効なイジメ対策であることに異論のある牛飼いはいません。

見かけは残酷そうに見えるかも知れませんが、対策もとらずいじめを放置する人間の職場や学校の方がよほど残酷ではないでしょうか？

「いや、それはゲージ飼いのような少ない面積で飼育するからであって、広い空間で放牧するなら家畜のストレスもなくなるからそんなことは起きないのではないか？」と反論をされる方は、ネットでアメリカやオーストラリアの放牧風景の写真を探してみてください。たいてい牛の角がありません（切られています）。放牧でも事情は同じなのです。

とはいえ家畜の虐待がないのかと言うと、ゼロではないのも間違いありません。

２０２３年4月、アメリカ・テキサス州で牛舎が爆発し、1万８０００頭もの牛が焼死したニュースがありました。牛舎に滞留していたメタンが引火したものと見られていますが、爆発した直後に、爆発する前の牛舎をドローンで上空から撮影していた映像が出回りました。その映像を見て、日本の牛飼いたちは、ありえないと思ったでしょう。牛舎が全く空気の抜けない構造だったからです。

日本の牛舎は、たいてい長細い建物です。なぜ長細くするのかと言うと、換気のためです。牛舎はその性格上アンモニアやメタンが発生します。だから風で新鮮な空気が常に入るようにしているのです。

爆発した牛舎も長さ1キロはあるかと言うほど細長かったのですが、短い方の辺も１００メートルほどあるように見えました。これでは中の方にいる牛には新鮮な空気は吸えません。こんな牛舎なら、メタンが溜まることもあり得るでしょう。日本の牛舎で、短いほうの辺は長くとも、せいぜい20メートル程度のはずです。

牛をいじめるようなことはしていなかったでしょうが、こんな牛舎で牛を飼うこと自体、虐待と言っていいと思われます。

今は福祉大国と言われるスウェーデンですが、かつては老人に冷たい国でした。19世紀、家族が面倒を見られなくなった老人は野菜よろしくセリにかけられました。一番安い介護費用の見積を出したところが介護の仕事をとれる仕組みで、安いが全てですから高齢者が虐待されることも多かったようです。

スウェーデンが福祉に力を入れ出したのは第二次世界大戦後になってからです。真偽は定かではありませんが、スウェーデンは戦前の老人の扱いがひどすぎたと反省したから高福祉をめざすようになったという話をどこかで聞いたことがあります。その伝手《つて》で言えば、彼の地でアニマルウエルフェアが提唱されるようになった理由も想像できます。そんな背景を理解せず日本の畜産を批判する欧米「出羽守」には困ったものですが、かといって畜産側に問題がないわけでもありません。

例を挙げると採卵用のニワトリは、卵を産むのはメスだけですから、オスのニワトリは肉として商品にならないので生まれるとすぐに殺処分されます。牛もジャージー牛のオスは商品性がないので生まれてすぐ殺処分されます。

また韓国では犬を食べる文化がありますが、犬に恐怖を与えるほどおいしい犬の肉になると言うことで、残酷な屠畜方法がわざわざ取られたと聞いています。もっとも現在は犬食禁止法が成立し、犬は食べられなくなっています。

畜産の現状を知らずにヒステリックにアニマルウエルフェアを訴える人や団体がいるのは確かです。そうした人たちには、畜産に携わる者は毅然《きぜん》として反論はしなければなりませんが、だからと言って全く問題がないのかと言うと、あるのも事実なので、そのあたりは解決策を模索しなければならないでしょう。

しかし、解決策を作るのはコストがかかります。多くの場合は飼育コストの上昇を招きます。家畜の群飼いが行われるのは多くは個飼いよりもコストが減らせるからです。たとえば4頭の牛を自由に歩き回らせるスペースを作るには1頭ごとの区画を作るよりも4頭の区画を作った方が少なくてすみます。これを1頭ごとにするならばひとつの牛舎に入る牛の数が減りますから、牛舎の地代・建設コスト・固定資産税などに響いてきます。ニワトリや豚などでも同様でしょう。

採卵養鶏やジャージー牛のオスの場合、彼らを生かすにはエサが必要ですし、生かした後どうするのかも問題になります。肉用種と較べると商品性が劣るから殺処分されるのだと思われますが、そんなオスの家畜にどうやって商品性を持たせるのかが課題となっていくでしょう。あるいは、採卵するニワトリはオスがほとんど生まれず、圧倒的に多くのメスしか生まれないような

「改良」を行うべきかも知れません。商品性がなければ家畜は生まれる権利すら奪われるのです。そうした対策ができないなら、我々には現状を見て見ぬふりをするしかなさそうです。

◉昆虫食は普及するか？

この章の最後は、昆虫食について触れておきましょう。ミツバチを育てる養蜂は農業としては畜産に分類されます。昆虫の飼育は、実は畜産の一分野なのです。

昆虫は昔から食べられてきました。戦時中にイナゴや蜂の子など、昆虫を食べていたという話を聞いたことがある人は多いと思いますが、それよりずっと前から日本でも外国でも昆虫は食べられていました。

日本人が食べなくなったのは戦後になってからのことでしょう。もっとも、日本人が昆虫を食べなくなったと言っても、伝統食として今でも食べる習慣を持つ地域は残っています。

世界に目を向ければ、アジア、アフリカを中心に20億人が1900種類にも及ぶ昆虫を日常的に食べています。高級な虫になると、肉よりも高価になることもあるようです。日本でも佃煮など、ちょっとした牛肉よりもイナゴの方が高価だったりします。

近年、昆虫食を積極的に進めようとする動きが世界で高まっています。タイなど、すでに昆虫を飼育する農業がある国はもちろん、昆虫食の習慣がなかったヨーロッパでも続々とベンチャー企業が立ち上がって、昆虫入りのパンなどが売られています。

ＳＤＧｓの方向性として、昆虫食は、良質のたんぱく源として肉の代替になるのではないかと注目されているのです。ＦＡＯによれば、昆虫食の環境面でのメリットとしては

◉飼料効率が高い
◉温室効果ガスの排出が少ない
◉人間の出す廃棄物をエサにして家畜飼料に活用できるたんぱく質を作ることができる
◉昆虫は家畜ほど水を必要とせず飼育に必要なスペースも少なくてすむ

を挙げています。

虫によっても違うのでしょうが、飼料効率はおおむね昆虫肉1キロの生産をするのに飼料は2キロ程度ですみます。家畜の場合、最も飼料効率が高いニワトリで4キロ、豚で7キロ、牛で11キロですから、ニワトリ以上に飼料効率が良いことになります。

温室効果ガスは、呼吸によって生産されます。虫の成育期間が短いこともあるのでしょう。ミルワーム（ゴミムシダマシの幼虫）は、豚と比較して10分の1から100分の1ほどしか温室効

果ガスを出しません。

昆虫の食べ物は、人間の食べ物と競合することも多いのですが、蚕《かいこ》が食べる桑などのように全く競合しないこともあります。また人間の出す廃棄物（廃棄食品、人間や家畜の糞尿、堆肥など）をエサにできる場合は、ゴミを減らすことにもつながります。

ビジネスとしても、何より飼育するのにかかるスペースが少なくて済むのも見逃せません。牛や豚を試しに飼うのは飼育場所の確保が大変ですが、昆虫なら虫かご1個からスタートすることができます。

デメリットとしては、人によってはアレルギーを起こす可能性があることくらいでしょうか。多くの虫は体の外殻にキチンを含んでいます。キチンは蟹やエビなど甲殻類も持っている物質なので、蟹やエビにアレルギーのある人は昆虫食でアレルギーが出るかも知れません。避けた方が無難です。

日本でもすでに昆虫食の普及は試みられています。各地に食べる昆虫の自動販売機が設置され、ベンチャー企業も参入してきています。

大手の企業でもすでに昆虫食を開発、販売しています。２０２０年５月には無印良品が徳島大学発ベンチャーのグリラスが作ったコオロギ入りせんべいを売りだし、12月にはＰａｓｃｏブランドで知られる敷島製パンが、高崎経済大学発のベンチャーであるＦＵＴＵＲＥＮＡＵＴのコオロギ粉末入りフィナンシェやバゲット（パンの一種）を数量限定で販売しました。いずれも昆虫100パーセントではなく、せんべいやパンの中に昆虫を粉状にした粉末を混ぜ込んだものです。

私自身、いくつか昆虫食を試したことがあります。イナゴなど昆虫の姿のまま出てくる佃煮は、さすがに最初は食べるのに勇気がいりますが、食べてみると決してまずいものではなく、むしろ酒のつまみにした方がいいかなと思えるような味でした。コオロギ入りのフィナンシェやバゲットも食べてみました。昆虫入りと知らずに食べても、おそらく気がつかないほど普通のフィナンシェやバゲットでした。こちらはメーカーが味を比較して欲しかったのでしょう。コオロギ10匹入りと30匹入りが入っていました。10匹入りも30匹入りも、ほとんど味は変わらず、強いて言えば30匹入りの方が濃厚な味のように思えましたが、こうやって比較しないと普通はわからないレベルです。

昆虫食は日本で普及するでしょうか？　個人的な予想としては、これからも増えてはいくのでしょうが、それほど大きな市場にはならないと思われます。時間が経てば、たとえば30年もすれば、昆虫を食べることに抵抗を持つ人は少しは減るでしょう。しかし、当面はイクラよろしく、ご飯の上に多数の昆虫を載せた昆虫丼や、昆虫ピザといった食品を我々がガブガブ食べるといった時代が来るようには思えないのです。今も行われている程度の食品、すなわち佃煮といった少量のおかずや、菓子に混ぜ込む程度の食材で止まるような気がしています。

実際、ＦＡＯもそんな感触を持っているようで、昆虫は人間の食用よりも水産や養鶏に使う飼料としての用途の方が多くなると見ている節があります。なんだかんだと言っても、昆虫を食べることに抵抗を持つ人が少なくないからでしょう。

そうなると昆虫食の本命は飼料になります。しかし、こちらも簡単に普及させられません。コストに問題があるからです。実は昆虫の生産は、今のところ一般的な食料生産よりも高くつくのです。

魚は虫を食べるのを好みます。フライフィッシングとは、昆虫を模した毛針で虫を狙ってくる魚を捕る釣りです。ニワトリも虫が好きなのは同様で、首が伸ばせるところにハエなどやってくると、ものすごいスピードでハエを口の中に入れてしまいます。

魚もニワトリも、それくらい虫が好きなのに飼料として活用されなかったのは、エサとして魚や農作物の方が安いからです。そのためＦＡＯは「収穫、生産、運搬にかかる外部経費、たとえば、水の利用費、温室効果ガス放出量及び燃料費などを既存の食料・餌料生産コストに含めた場合、昆虫の方が安く、環境的に持続可能な代替物になりえる」として、どこかの企業が低コストで昆虫を生産できるシステムを作ってくれるのを期待して待っているのが現状です。言い換えると、現状では飼料として使える見込みすらなく、当面は家畜のエサよりコストの制約が少ない人間の食用として市場を広げて行くしか道はなさそうです。

そうなると昆虫食の活路は3つになるでしょう。ひとつは大規模化なり技術的なイノベーションを起こして低コスト生産できるようにする。ふたつ目は製造数が少ない珍味として高級食材として売っていく。3つ目は、無印良品や敷島製パンのように、既存の食品に少量混ぜるなどの手段を使い、コストを抑えつつ商品にしていく。

虫を食べることへの抵抗感もあり、昆虫食は急速に普及するとは思えませんが、当面は2番目と3番目の売り方で、少しずつ普及が進んでいくと思われます。

第４章

有機農業25パーセント目標は達成できるか、達成すべきなのか?

農薬は悪魔か救世主か？

◉なぜ農水省は有機農業25パーセント目標を掲げたのか？

みどりの食料システム戦略の策定が最初に報道された時、最も話題になったのが有機農業の推進でした。２０５０年までに日本の全農地の25パーセントで有機農業をする目標が立てられました。現在日本で有機農業が行われている田畑は０・５パーセントしかありません。それゆえ、野心的だと評価する声もあれば、現実離れしていると批判する声もあります。

有機農業とは、化学肥料を使わず有機肥料を使い、農薬を使わないで農業を行うことを言います。似たような農業として自然栽培もありますが、これは無農薬で有機肥料も使わない無肥料農法を指すことが多いようです。

有機農業は、農薬を使わないということで消費者から好ましいイメージを持たれやすく、農作物も高い値段がつけやすい農業です。反面、高い技術がないと病虫害で大きな減収をこうむるリスクも高い側面を持ちます。

まず、化学肥料を使わずに日本で農業をやっていけるかについては、理屈の上ではそれほど大きな問題にはなりません。日本には現在、多くの有機肥料があります。日本で飼われている家畜の排泄物、すなわち家畜糞尿は年間8000万トン排出されます。8000万トンもあると、フル活用すれば理論上日本の農業で必要となる肥料成分をほとんど賄えるとも言われています。言い換えれば家畜糞尿をフル活用することができれば、化学肥料を使う必要がなくなるので、化学肥料の生産から消費にかかわる温室効果ガスは理論上ゼロにすることが可能です。

実際、多くの家畜糞尿由来の堆肥は、有機農家のみならず、多くの農家も活用しています。しかし問題もあります。家畜糞尿には地域的な隔《へだ》たりがあり、十分に活用されていない地域も多いのです。

畜産は、動物を飼うことから糞尿を出しますが、糞尿の臭いが周辺住民から嫌われるため、人口が少ない地域で行われることが多くなっています。そのため、産出量に地域的な偏りが発生するのです。地域によっては全く足りておらず、農家の取り合いになる堆肥もあれば、欲しがる農家が少なく畜産農家が処分に困る地域もあるのです。

SDGsの視点で見た場合、化学肥料を使うより有機肥料を使う方がいいと思われますが、農家としては悩ましい面も多々あります。

第一に、有機肥料は成分にばらつきがあり、化学肥料よりも管理するのが難しいのです。化学肥料は、肥料成分がどのくらい入っているのか明解で、品質が統一されています。化学肥料には商品名に「12―12―12」といったふうに3つの番号が振られているものがよくあります。これは肥料の3要素である窒素・リン酸・カリがそれぞれ12パーセント入っていることを意味します。農家は作物に応じて、必要な肥料成分を過不足なく農地に投入できます。その上、近年はやりの樹脂コーティング肥料を使えば、従来化学肥料の泣きどころと言われていた効果が長続きしないという欠点も解消されてきています。

これに対し、有機肥料は品質が化学肥料のように均一ではありません。家畜糞を使った堆肥の場合ですと、牛や豚や鶏の糞が原材料になりますが、家畜によって糞の成分が違う上に、同じ種類の家畜でもエサの違いや敷料（家畜舎に敷く稲ワラなど）の種類などで農場別に各肥料成分量が違っていたりします。植物性の堆肥も材料の草木によって違いが出てくるでしょう。

そのため化学肥料だけで栽培する場合と較べて肥料成分のコントロールが難しくなります。いわゆる高品質な野菜などを作るには少し不利になることが多いでしょう。

とはいえ、有機肥料には、一言では言い表せないほど多様な成分が含まれており、作物栽培の基本である土作りを行う上では欠かすことができないものです。自然界にある死骸や排泄物を分解する、自然の営みの延長線上にあるのが有機肥料で、それゆえに多くの農家は、化学肥料を使いつつも有機肥料を決して排除しないのです。

第二に、有機肥料は化学肥料よりもかさがあるため、運搬・散布に多くのエネルギーを消費します。たとえば化学肥料なら100キロ散布すればすむところを、有機肥料なら数百キロからトン単位で入れなければなりません。化学肥料は肥料成分が重量あたりで大量に入っているのに対し、有機物肥料は少ないからです。

植物性の場合は、さらに収集コストもかかります。植物性の堆肥としては食品製造かすや、食物残渣、木材片、枯れ草や木の枝、あるいは木の葉といったものを集めて積み上げて堆肥化することになります。製材所や食品工場から出るおがくずや食品製造かすを使う分にはさして手間はかからないと思いますが、江戸時代の農家がやっていたように農地の周辺で手に入る草や木の枝、木の葉などを集めるのは大変です。コメを収穫した後の作物残渣である稲ワラですら集めるのが大変なため、田んぼでカットされて捨てられているのが現状だったりもします。

したがって機械を使って効率的に収集・流通・散布しようとすると、現状では化学肥料を使うよりも多くの化石燃料を使うことになる可能性が高いでしょう。

電気自動車（ＥＶ）は本当に二酸化炭素排出量が少ないのかと疑問を持つ人は少なくありません。自動車製造時に使われるエネルギーの量と、走行距離、そして走行時に使う電力が火力発電によるものか水力発電によるものかなど、多くの要因を分析していくと必ずしもガソリンやディーゼルエンジンのクルマと比較してエコとは言えないこともある……。そうした考えでこうした疑問をもたれるわけですが、有機肥料も同様です。化学肥料は化石燃料を消費して作られ、有機肥料は自然の力を利用して作られるのですが、運搬や散布に使う化石燃料のことを考慮に入れると、エコであるとは言いきれない面があります。もっとも前述したように、自然エネルギー由来の電気を使った農業用ＥＶでそうした作業を行える時代になれば、事情は変わってくるでしょう。

無農薬についても同様のことが言えます。病虫害や雑草を防ぐ方法は農薬散布のほかにも方法があります。たとえば、雨が病気を呼び寄せる作物なら作物の上に屋根を作って雨に当たらなくする「雨よけ栽培」、虫が作物に近寄れないように寒冷紗《かんれいしゃ》などで植物を覆う「ベタかけ栽培」や「トンネル栽培」、農地の表面を浅く耕して雑草を引き抜き、切断する「中耕除草」などです。

そうした各種の防除法を組み合わせて使うことを、最近は「総合的病害虫・雑草管理」（ＩＰＭ　Integrated Pest Management）などと言っていますが、多くの農家が昔からやってきたことを小難しく言っているだけで、技術的にはあまり意味がありません。

こうした農薬以外の防除法は、病害虫防除や除草以外の目的もあって導入されることが多いので、即そのまま無農薬農業を成立させるわけではありません。また農薬以外の方法を駆使しても病害虫の防除が農薬なみの効果を出せるとも限りません。実際には出せないことが多いのです。

とはいえ、無農薬は、農地の持続可能性を高めるために必要ではないかと思う方もおられるでしょう。農薬を散布し続けていれば、将来農地で作物が作れなくなるのではと考えているわけです。

これまで農薬散布で農地が使えなくなったことはありませんし、これからもそうしたケースは発生しないでしょう。過去には多少なりとも長期間にわたり残留する農薬もありましたが、仮に残留したからといって草が生えなくなった土地は皆無です。

反農薬の考えをもつ人がよくやり玉にあげるラウンドアップなど、分解するとアミノ酸を生成するので地表に落ちたら微生物のエサになるように作られています。土の質や水分率、気温にもよるのでしょうが、早ければ3日、遅くとも3週間程度で半減するペースで、最後には消失します。

世界を見渡せば、作物が作れなくなるほど農地を劣化させるのは、農薬ではなく灌漑農業です。灌漑農業とは、水がない農地に水を引いてきて栽培する農業です。

世界的に見ると、これが多くの農地を作物が作れない状態にしています。

なぜかと言うと、雨が少ない地域に水を引いてくると、土が乾く時に地下水分を浸透圧の原理で引き上げます。この引き上げてきた水分に塩が混じっているため、塩も一緒に地表に引き上げられます。そのため何年も灌漑農業を続けていると地表に引き寄せられた塩分が多くなりすぎて塩害を引き起こし、作物はおろか雑草までも生えなくなってしまいます。

このような塩害は、世界中の乾燥地帯・半乾燥地帯ではどこでも起きる可能性があり、実際に各地で起こっています。

すでに土壌に溜まってしまった塩を取り除くには大量の水を使って農地に浸透させ、地下水位を下げたり、塩分を洗い流す方法が取られますが、もともと水が少ない地域で発生するので少しずつしか除塩は実施できません。

塩害で最も被害が大きいのは、中央アジアのカザフスタンとウズベキスタンの間にあるアラル海周辺地域でしょう。塩害がひどくなった上に日本の東北地域と同じくらいの湖面で世界第4位の大きさだったアラル海は、流入する水を灌漑農業が取ってしまい、湖に流れ込む水が減って消滅の危機に瀕しています。

これは間違いなく持続可能性の危機と言えます。

ちなみに日本は世界でもトップクラスの灌漑農業国です。多くの水を川や池から引っ張ってきて水田でコメをつくるのは典型的な灌漑農業です。にもかかわらず、なぜ他国で灌漑農業が問題になって日本で問題にならないのかというと、雨がそれなりによく降る国だからです。灌漑によって塩が地底から上がってきても雨が塩を地表から洗い流してしまうので、何千年と耕作をやっていても灌漑農業は問題を起こさないのです。反面、水害も多いわけですが、いくらでも灌漑農業を続けていけるのは日本農業の大きな強みと言えるでしょう。

◉無農薬はサスティナブルではない

話を戻します。そうは言っても、農薬を散布するよりしない方がいいと思う方もおられるでしょう。私はそうは思いません。なぜかというと農薬散布の方が無農薬より地球にやさしい、サスティナブルなことも多いからです。

農薬散布の方がサスティナブルである。「そんな馬鹿な！」と思われる方も多いかもしれません。なぜ農薬散布がサスティナブルかというと、第一に病害虫と雑草の繁殖を抑えて生産量を高水準で安定させます。すると農地自体が少なくてすみます。

無農薬で作物を栽培した時の減収率は、作物によって大きな違いがありますが、仮に50パーセントの減収率だとしましょう。

農薬を使って100の作物を生産できていたところを無農薬にすると50しか収穫できないとします。すると100の作物を作るには2倍の農地が必要となります。

農地が倍必要になると言うことは、農地を耕したりするのに2倍の作業量が必要で、機械を使

農薬を使わなかった場合、収穫量はどうなる？

病害虫・雑草の発生により、ほとんどの作物で減収が発生し、
出荷金額にも影響

作物	減収率（%）			出荷金額の平均減益率（%）
	最大	最小	平均	
水稲	100	0	24	30
大豆	49	7	30	34
りんご	100	90	97	99
キャベツ	100	10	67	69
きゅうり	88	11	61	60

資料「病害虫と雑草による農作物の損失」（20年6月、日本植物防疫協会）
注：慣行的な管理を行った栽培試験区と防除を行わなかった栽培試験区について終了と品質を比較調査した。
https://www.maff.go.jp/tokai/kikaku/renkei/attach/pdf/20180604-9.pdf

うにせよ資材を使うにせよ、2倍の資源が必要となります。たとえばトラクターなら、燃料代が2倍になり、それだけ多くの化石燃料を消費するわけです。農薬を製造・流通・散布させるよりも数倍は多くの化石燃料を消費するのではないでしょうか？

また、無農薬の場合、機械の稼働時間が増えるだけでなく、一部の機械の寿命を削ることもあります。特に雑草が問題です。雑草が多いとロータリーで耕す時に草が絡まり性能を低下させますし、消耗品の爪も寿命が縮みます。ロータリーにからまった草を除去する手間も大変です。そのため農家は、耕す前に草を刈って燃やしてしまうことも多いのですが、そんな手間も増え

ます。コンバインも雑草が生えまくっているところで稲刈りをしていると効率が悪いだけでなく、機械の能力以上の草を処理していかなければならないこともあり、やはり機械のトラブルを頻発させる上に機械の寿命も縮めます。雑草の量にもよりますが、多いと普通なら10年使える1000万円のコンバインが5年で寿命を迎えるようなことがあっても不思議ではありません。

そうした事情を知っている人の中には、農水省が有機農業を推進するのは、耕作放棄地対策としてやっているのではないかと勘ぐる人もいます。耕作放棄地は農政上大きな問題にされています。有機農業によって生産量が落ちれば、その分農地が必要になるから耕作放棄地を減らせると農水省は考えているのではないかというわけです。

農水省は有機農業を潰したいのかと考える人もいます。有機農産物は希少性があるので高く売れるが、農産物の25パーセントが有機になったりしたら高く売れなくなるので有機農業が衰退してしまうと心配しているわけです。実際、有機農業が日本の農地の3パーセント、5パーセント程度の段階に達しても、希少性がなくなって高く売れなくなり、有機農業が衰退することになると私も思います。

そうした農水省の〝陰謀〟が的を射ているとは思いませんし、実際は一部の無農薬によいイメージを持つ国民へのリップサービス的な側面もあるかも知れません。また、近い将来、今の基準で言うところの「無農薬」を実現する〝農薬〟が実現しそうなことも農水省は知っています。

これはＲＮＡ農薬と呼ばれる農薬で「みどりの食料システム戦略」にも記載されています。

ＲＮＡ農薬とはＲＮＡ干渉（RNA interference）を利用した害虫防除法を使う農薬です。１９９８年にこの現象が発見され、発見者のアンドリュー・ファイアーとクレイグ・メローは２００６年のノーベル医学・生理学賞を受賞します。業績となる仕事が発表されて８年での受賞は、２００６年にｉＰＳ細胞を作って２０１２年にノーベル医学・生理学賞を受賞することになる山中伸弥氏ほどではありませんが、相当に早い受賞になるのは間違いありません。

ＲＮＡ干渉のことを説明するために若干、高校の生物の復習をします。

人間の遺伝子情報は細胞核の中に存在するＤＮＡに記録されています。ＤＮＡはアデニン・グアニン・シトシン・チミンという４つの塩基が組み合わされて二重らせん構造を持っています。この、らせんのうちひとつの情報を転写して核の外に移動して、どんなたんぱく質を作ればいいのかをリボゾームに伝えてたんぱく質を作らせるのがｍＲＮＡ（メッセンジャーＲＮＡ）です。

ｍＲＮＡの伝える遺伝情報は完璧なものばかりではなく、中には特定の病気や体の欠陥を形成させるようなものもあります。そうした、よくない遺伝子情報を持つｍＲＮＡがどれなのか特定する遺伝子配列をもつｓｉＲＮＡが作られ、ｓｉＲＮＡがＲＮＡ誘導サイレンシング複合体（ＲＩＳＣ）と結びついて破壊する機構を全ての生物が持っています。こうした作用機構をＲＮＡ干渉と言います。

この作用機構を利用して、特定の疾患《しっかん》を引き起こすｍＲＮＡを破壊するｓｉＲＮＡを合成して体内に取り込ませると治療が可能になります。反対に生物の生存に必須の遺伝子配列を破壊するｓｉＲＮＡを体内に取り込ませると、大変な猛毒として作用するわけです。

これまでにない安全な農薬としてＲＮＡ農薬が注目されるのは、特定の生物が持つ特有の遺伝子に作用するため、対象となる生物だけを殺すことになるからです。

農薬の進化によって、これまでも害虫は殺しても益虫（クモなど害虫を捕食する虫）は殺さない農薬とか、特定の昆虫種しか殺さない農薬は開発されていました。しかし、ＲＮＡ農薬は特定の虫だけにしか作用しないのです。たとえばウンカならウンカのみ、アブラムシならアブラムシのみを殺し、他の虫には無害な農薬になるというわけです。

しかも散布するのは合成されたとはいえＲＮＡですから、全生物がもともと体内に持っている塩基です。自然界に放出されても量は微量すぎるほどですし、自然界で普通に分解されるので全く問題がありません。

実際には有効なｓｉＲＮＡをどうやって害虫や雑草などの体内に放り込むのかなど、実用化には課題も多く残っているのですが、それでも２０３０年くらいにはいくつか実用化、商品化されているのではないかと予想されています。

多くの農薬がＲＮＡ農薬になるにはさらに数十年はかかると思われますが、ＲＮＡ農薬を散布すると、農薬を散布しているには間違いないものの、化学物質を使っていないということで、実質無農薬と同じになります。そうなると無農薬がすたれる未来が予想されます。

そんな近未来を農水省は「みどりの食料システム戦略」でにおわせているのに、なぜ有機農業25パーセントを言い出したのか？　私が説明した有機肥料や農薬の解説くらいのことは農水省の官僚たちが知らないはずがありません。

私は陰謀とまでは言いませんが、表ざたにすると大騒ぎになる心配があるので隠された目的があると見ています。

◉有機農産物を貿易戦争の武器にする

なぜ農水省は、2050年までに全農地の25パーセントで有機農業をする目標を立てたのか？　私はしばらく分かりませんでした。みどりの食料システム戦略の目標には、どこまで可能か予想もつかないのか、抽象的に「××の推進」と書かれているだけの、数値目標がない項目も少なくありません。

そんな中、農水省は有機農業に25パーセントという数字を出してきたのはなぜなのか？　合理的な説明が可能になる、根拠になりそうなデータを見つけるには、しばらくかかりました。

農水省が有機農業を推進する、隠された目的は、農産物の輸出対策であると私は考えます。なぜ有機農業が輸出対策となるのか？　自国農業を守るために農薬を非関税障壁として利用しようとする国にも農作物を輸出できるようにするためです。

なぜそう考えたのか？　私が着目したのは人口減少です。2015年の国勢調査によれば、日本の人口は1億2709万人でした。2017年に出された国立社会保障・人口問題研究所の「日本の将来推計人口」によれば、2050年になると日本の人口は中位推計で1億192万人と1億人をかろうじて上回る程度になり、2053年には1億人を割ると予想されています。2017年の前に発表された12年の推計では2050年に9700万人まで減る予想がされていたのに較べると若干減少ペースはゆるくなっていますが、2050年に人口が1億人前後になります。その後も減少が続くのは確実で、2100年には今の半分ほどの人口になっていると予想されています。

仮に2050年に1億人となっていたとすると、人口は2015年比で約22パーセント減、9700万人だと24パーセント減になります。言い換えれば、農産物市場もそれだけ減少するのです。そうなると生産量を維持するには輸出するしかないわけですが、ここに無視できない懸念があります。残留農薬が非関税障壁として悪用され、輸出が難しくなる可能性が高まっているからです。

2021年6月、日本の農産物輸出関係者の間で衝撃が走りました。タイの保健省は5つの農薬の使用を禁じました。禁止になったのは

クロルピリホス

クロルピリホス-メチル
パラコート
パラコートジクロリド
パラコートジメチルサルフェート

の2系統5種類です。

正確にはクロルピリホス系（殺虫剤）とパラコート系（除草剤）の農薬が食品から検出されてはならないとするものです。国内の生産物も、国外から輸入されるものも全てこの基準が適用されます。ほかにもグリホサート（除草剤）が適用されようとしていましたが、これは見送られました。

なぜこのような規制が行われたのか？　２０１９年末、タイ保健大臣が２０２０年を「食品安全の1年」として国民に安全性の高い食品を提供しようとする目標を立てたことにあります。こうした決定にはタイの市民団体であるタイ農薬警告ネットワークが残量農薬の検査をしたところ、4割の食品が同国の残留基準を超えていたとする報道も影響していたようです。

クロルピリホスにせよパラコートにせよ、現代日本で売られている農薬の中では毒性が強い方に属します。クロルピリホスはシロアリ用として建材にも使用されていましたが、シックハウス症候群の原因物質として今では建材で使用することは禁じられています。パラコートは、かつて服毒自殺によく使われたため、まだ使えるとはいえ農家でも簡単に買うことはできなくなっています。

その意味では、タイで規制がかかるのもやむなしといったところなのでしょうが、これが日本で問題になるのは、タイに農作物を輸出しようとする場合です。日本でクロルピリホスやパラコートを使っていたら、タイに輸出することはできなくなります。

では、そのふたつの農薬を使わなければいいだけではないか？ と多くの方がお考えでしょう。ところが問題はそれだけではありません。

農水省のホームページに「諸外国における残留農薬基準値に関する情報」というページがあります（https://www.maff.go.jp/j/shokusan/export/zannou_kisei.html）。

ここには農作物15品目別に20カ国・地域と国際基準（コーデックス基準）の農薬の残留基準値が掲載されています。1品目ごとに何百とある農薬の残留基準値が載っているのを見ていくのは骨が折れますが、それでも見ていくと多くの国や地域で、日本よりも残留農薬の基準が厳しくなっているように見えます。

たとえば、日本では1キログラムあたり5ｐｐｍ以下となっている農薬の残留基準が、他国では3ｐｐｍになっているので、他国の方が残留農薬の基準が厳しいように見えるわけです。もちろん逆に日本の方が残留基準値が小さい、きついように見える薬剤もあります。

実際は、世界各国の農薬の残留基準はコーデックス委員会という国際機関の定めたルールに則《のっと》って定められているので、この国はゆるく、あの国は厳しいということにはなりません。

このあたりの事情は分かりにくいと思うので、少し解説しておきます。まず前提として知っておいていただきたいことがあります。それは、農薬の使用量が多いほど危険だと考えるのは、間違っていることです。農薬には毒性の高いものもあれば低いものもあります。たとえば、ここにふたつの農薬があるとします。

1グラム口にすれば人を殺せる農薬1グラムと、1キロ（1000グラム）口にしないと殺せない農薬1キロです。

毒性の強弱で考えれば、前者は後者の1000倍危険ですが、面積あたりの農薬使用量を基準にすれば、後者の方が1000倍危険なように見えたりもします。理論的に言うと、同じ面積で散布するなら、前者1グラム散布と後者1キロ散布の危険度は同じですが、後者の方が1000倍多く散布しますから、後者が危険にみえるでしょう。農薬の毒性の強弱を無視して、使用量を基準にすると、実際の危険度を間違うことになります。

そうした前提を理解していただいたところで、日本の農薬の使用量について述べれば、基本的に多いと言えます。中には外国の方がずっと基準がゆるいことも少なくないのですが、1ヘクタールあたりの農薬使用量が多いのは間違いありません。

ＦＡＯのデータベースで世界各国の１ヘクタールあたりの農薬使用量の統計を見ると、年によって上下はしますが、日本はだいたい10～20位前後にいます。「日本は世界一の農薬大国」などと意図的に操作したグラフを示してネットにデマをまき散らす人は少なくありませんが、これは日本がトップになるように日本より使用量が多い国のデータを載せないため、そう見えるだけのことです。

ちなみに日本で注目する人が多い外国の農業では、近年はオランダやイスラエルですが、いずれも農薬使用量はヨーロッパや中東のトップクラスです。ふだん無農薬を推奨するような報道をしているメディアが、こうした国の農業をほめるのはなぜなのか、私は理解に苦しむところがあります。

それはともかく、日本の農薬使用量が多い理由は、日本の農家が農薬好きだからではありません。作物や自然環境のせいでそうなってしまうのです。実際、世界各国の農薬使用量の統計を見ると、中国や台湾、韓国といった日本の周辺にある国が、同じくらいの順位にランキングされています。言い換えれば、東アジアは多いわけで、その理由は温帯で多くのコメを栽培する文化圏だからです。コメは西洋の主食の小麦と較べて農薬使用量が多いため、上位に来てしまうわけです。もし日本が麦を主食にする文化圏だったら、農薬使用量は何分の一かに下がるでしょう。また日本が貧しくなり、農薬を買える経済力がなくなれば使用量は減ります。実際、世界で最も農薬使用量が少ない国々の多くは、貧困だったり内戦中だったりして農薬が買えなかったり統計データが出てこない国がよくあります。

ここで、簡単に農薬の残留基準の決め方を説明します。ここで書く内容は、こういう考え方で残留基準が決められるのだなと理解していただくことを目的としています。したがって毒性の中でも急性毒性と呼ばれる場合の考え方を説明するに過ぎません。実際の毒性試験は急性毒性や慢性毒性のほかさまざまな毒性試験が行われます。他にも農薬の分解速度を調べて、農薬散布直後は危険でも、何日おけば安全になるのか調べたり、環境面で何か問題がないのか、あるいは食習慣によって、年間の摂取量はたいしたことはないが、日本人が食べる数の子のように特定の時期のみ食べられる場合を考慮するなど、多くの調査項目があり、それぞれ試験が行われます。

ここに新しく開発された農薬があるとしましょう。成分は「アイウエオ」という物質１００パーセントとします。毒性試験をやってみると、ＡＤＩ（Acceptable Daily Intake）は50mg／kgでした。

ＡＤＩとは、一日摂取許容量と呼ばれる数値で、体重１キロあたりの数値です。そのため、たとえば体重が70キロの人ですと、この70倍が一日摂取許容量になります。

ＡＤＩは動物実験によってここまで摂取しても毒性は出ないと判断されたＮＯＡＥＬ（無毒性

量　no-observed adverse effect level）の１００分の１が指定されます。２０１４年には、ＡＤＩに加えて短期間に通常より多く摂取した時のことも想定した急性参照用量（ＡＲｆＤ　24時間ないしはそれ以下の時間で経口摂取する場合に悪影響を生じさせない摂取量）も指定されるようになりました。

なぜ１００分の１にするのかというと、動物と人間は毒物の感度が違うのと、安全のためのマージン（余白、余裕）を取るためです。そのため人間の方が毒物の感度が10倍高いと仮定して、まず10分の１にします。

次に、人によって１日に食べる量は違います。食事の時、お茶わん１杯のご飯を食べる人もいれば５杯食べる人もいるでしょう。そうした差を考慮して、同じく10分の１にします。１／10×１／10ですから１００分の１にするわけです。

次に、この農薬の作物別に残留基準を割り当てていきます。アイウエオは、作物、Ａ、Ｂ、Ｃ、Ｄに使用する目的で作られました。

普通の人が１日に食べる量は、Ａが２００グラム、Ｂが１５０グラム、Ｃは１００グラム、Ｄは50グラムとしましょう。アイウエオのＡＤＩは50㎎／㎏ですから、それぞれの作物に残留量を配分すると、たとえば

作物名	1日摂取量	ADI
A	200グラム	20ミリグラム
B	150グラム	15ミリグラム
C	100グラム	10ミリグラム
D	50グラム	5ミリグラム
合計	500グラム	50ミリグラム

となります。実際には安全性を考え、食物からだけでなく水や空気から摂取するかも知れないということで、ADIの80パーセントが残留基準値として指定されます。

次に、作物それぞれに農薬を散布した時の残留量を調べます。単に作物をひとつ分析するだけでなく、食べられ方も考慮されます。たとえばトマトの場合、ミニトマトと標準的なトマトは表面積に違いがありますしひとりが食べる個数も違います。原則生で食べられる作物と、煮炊きして食べられる作物で農薬が変化する可能性も考慮されているでしょう。そうして作物別に配分された農薬残留量以下で使えるとわかったら、この農薬は使っても大丈夫だと言うことで、メーカーは農薬登録を申請し、登録されたら販売できるようになるのです。

「農薬が基準の何倍検出された」というニュースが出ると、多くの専門家が「直ちに健康に影響を及ぼす量ではない」というコメントを出します。専門家がそんなコメントをするのは、こうした仕組みで農薬残留量が決められているからです。先ほど挙げた農薬「アイウエオ」の場合は4種類に摘要がある（使用できる）としましたが、実際の農薬は何十種類もの作物に使えるものが多数あります。したがってひとつの作物で農薬残留量が多少高くとも問題ないと判断できるのです。

こういう説明をすると、頭の良い人なら、こんなことを考えるでしょう。「すると、食習慣が違う国だと、農薬の残留基準も違ってくることになる。たとえば日本人の2倍コメを食べる国のコメの農薬の残留基準は、日本より2倍厳しくなっているはずだ。逆に日本人の半分しかコメを食べない国なら、2倍ゆるくてもいいはずだ……」

その通りです。まさに、そうした事情で、各国の農薬の残留基準は違ってくるのです。

各国の農薬ひとつひとつの残留基準がどのように決められたのかまで調べたわけではありませんが、同じ作物、同じ農薬で、日本の残留農薬基準がゆるく見えるのは、日本国民が他国の国民より小食なことが多いからではないでしょうか。日本人は食事1回あたり食べる量が少ないので、残留農薬摂取量は外国と一緒でも、みかけはゆるく見えるのではないか……もちろん食事の量は要因のひとつでしかありません。ほかにも気候条件なども関係するかもしれません。

各国によって農薬の残留基準がちがう。そのため、そうした事情を知らない農家が農作物を輸出したものの、輸出先で農薬の残留基準を満たしていないとして輸入を拒否されることもあるのです。輸出元の農家としては、自国の農薬使用基準を遵守《じゅんしゅ》して作っており、自国内で売るには全く問題がないのです。にもかかわらず、なぜ輸入を拒否されるのかと戸惑うことになります。

そうした問題が起きないようにするため、残留基準についても国際的な統一（ハーモナイゼーション）が進められつつあり、日本でもいくつかの農薬の残留基準は国際基準に沿って設定されています。また、彼の国では使われていないので残留基準はないが、輸出する作物に使われているので彼の国で残留基準を作って欲しいと申請することもあります（インポートトレランス）。ただし、摂取量等でその国の独自性が高い作物（日本にあてはまる作物の例としては、わさびが挙げられます）は、国際基準を採用せず独自の残留基準が設定・維持される場合もあります。

各国の政府は、国民の食の安全に責任があります。したがって危険であれば農薬の使用を禁止する、あるいは残留農薬規制を厳しくするのは当然のことです。そのため、外国の食生活に合わせて作られた農薬の残留基準は、輸出する方が守らなければなりません。日本から輸出するなら、外国の基準に合わせるように日本の農家は栽培を行わなければなりません。

現実には、他国の方が農薬の残留量が少ない基準になっているとしても、多くの場合は問題ないと考えられます。たとえば、ある作物で日本よりもひとりあたり消費量が倍あるため農薬残留値が2分の1になっている国があるとします。ハーモナイゼーションはそうした違いをなくそうとしているわけですが、それはとりあえず横に置いておきます。

農薬残留値が2分の1になっている国に輸出するには、日本基準の2分の1の残留基準で栽培しないといけませんが、この程度の制限ならクリアするのはそう難しくないと思われます。ほとんどの農薬は散布直後から分解が始まり、収穫時には残留基準以下しか残っていません。農薬の残留基準は、これだけ残留するからこうすると決められているのではありません。これだけ残っても大丈夫だとして決められた数字に過ぎません。

農薬の分解速度は薬剤によって多少違いますが、実際の農薬残留量は残留基準の何分の一、何十分の一、場合によっては何百分の一以下にしかならないのです。もし比較的残留量が大きい作物があったとしても、収穫までの期間を長くとれば、対応は可能でしょう。たとえば収穫1週間前まで使っていい農薬があるとすると、輸出用には収穫2週間前まで使用可能とすれば、その1週間で農薬の分解が進み、基準値以下の残留量になることは普通に考えられるからです。

しかし、そうした残留基準値の整備がされていても、問題が出てきます。中でもやっかいなのはポジティブリスト制度です。ポジティブリスト制度とは、当該国で販売されていないなどの理由で残留基準が定められていない農薬に関して、一律基準として食品1キログラムあたり0・01ppmと定められています。一律基準は、これだけ少なければ相当毒性が強くても大丈夫だろうと考えて定められた数値ですが、それだけに相当厳しい残留基準になっています。

その厳しい基準が食わせものです。ポジティブリストの農薬残留量は一律基準です。毒性の強い弱いは関係なしに０・01ｐｐｍが定められます。すると、たとえば毒性が低くて10ｐｐｍ、あるいは１００ｐｐｍ残留していても全く問題がないような農薬でも、０・01ｐｐｍの残留基準をクリアしないといけなくなるのです。

２０２１年末に日本のメディアを騒がせたニュージーランド産蜂蜜を例に挙げましょう。ニュージーランドから日本に輸出された蜂蜜を調べると、残留基準以上のグリホサートが検出されたことで問題となりました。ニュージーランドの残留基準ではグリホサートは日本の基準の10倍多い０・１ｐｐｍ／kgです。なぜそれほど残留基準に違いが出てきたのかと言うと、日本では蜂蜜のグリホサート残留基準がなかったため、ポジティブリスト制度によって０・01ｐｐｍが定められたからです。

ここで、日本より10倍ゆるいように見えるニュージーランドの残留基準である１キロあたり０・１ｐｐｍのグリホサートが残留した蜂蜜を食べるとしましょう。０・１ｐｐｍは１０００万分の１グラムです。１キロの蜂蜜に１０００万分の１グラムのグリホサートが残留していたとして、私たちはいくら食べるとグリホサートの毒にあたるのでしょうか？

毒物の強弱を判断する基準のひとつに半数致死量（ＬＤ50）というものがあります。ある化学物質を一度にこれだけ体内に入れたらふたりにひとり、つまり50パーセントは死ぬとされている量です。グリホサートの場合、半数致死量は5000ミリグラム（5グラム）程度になります。

蜂蜜の農薬残留量が日本の10倍ゆるく見えるニュージーランド基準の0・1mg／kgのグリホサートが残留している蜂蜜を食べるとして、半数致死量の5グラム分食べるにはどの程度の蜂蜜が必要でしょうか？

0・1ppmは1000万分の1グラムですから、5グラム食べるには5000万グラム、すなわち5トンを食べる必要があります。しかもこれは体重1キログラムあたりの数字ですから、体重50キロの人なら一度に250トン食べないと半数致死量に相当するグリホサートは体内に入れることができません。

ここまで説明すると、日本の10倍ゆるく見えるニュージーランドの農薬残留基準すら、ほとんど意味がない。絶対にあり得ないほど蜂蜜を食べないとグリホサートの毒にはあたらないことになります。

カンのよい方は、ここまで説明すると私の言わんとすることが想像できるでしょう。自国の農業を守るために、外国産を排除するのに、ポジティブリストは有効な非関税障壁として使えると言うことです。

自国の農業を守るために「貿易の自由化」という錦《にしき》の御旗《みはた》に反抗すると、各国政府は大きな批判にさらされます。そうした批判を避けると同時に、外国からの農産物の輸入を制限したいと考える政府は、必ず抜け道を探します。そして抜け道は、農産物を輸出しようとしている国にとって簡単に対応できないものほど有効です。

そんなことを政府が考えている時、自国よりも農薬の使用量が多くなりがちな国が輸出攻勢をかけてこようとしているなら、農薬をネタに規制をかけようと考えるのは当然のことでしょう。とはいえ、下手な規制をかけるわけにはいきません。コーデックス委員会が定めた国際的な基準があるので、無理難題を他国にふっかけたら当然批判され、撤回を求められます。

そんな時に政府にとって便利な道具は、ふたつあります。ひとつは自国に残留基準がない農薬の規制です。これはポジティブリストの基準を使えば対応できない国が多く出ると予想されます。もうひとつの便利な道具は、反農薬などをかかげる市民団体です。彼らを規制せずにしておけば、「農薬まみれの農作物はいらない」とデモをするなどして注目されます。すると一般消費者も影響されて、たとえ輸入されてもその国の農作物は売れなくなります。

そんな事態になって損をするのは輸出する国ですから、輸出する側は減農薬や無農薬を看板にした農作物を輸出しようとするのは当然の成り行きです。

すなわち、農水省は、農薬を、中でもポジティブリストを使って農産物の非関税障壁を作ろうとする国に対抗するには、無農薬の作物を輸出して非関税障壁を回避（ないしは突破）して対抗することを考えているのではないか？

そう考えると、有機農業25パーセントの数字の意味が見えてきます。2050年に日本の人口は23パーセント前後減少しています。人口減少によって失われるマーケットを無農薬作物の輸出で維持し、現在日本の農地の0・5パーセントしかない有機農業が多少伸びるとすれば、確かに25パーセント程度有機農作物を作らねばならないことになるからです。

これはおおっぴらには言えないものの、農水省だけでなく、農産物輸出をしようとする日本の農家も農機を作るメーカーも対抗策を考えているとみられます。農家は無農薬栽培技術を造ろうとしていますし、農機メーカーは農薬散布ドローンに画像認識機能を持たせて、害虫を見つけたら害虫にのみ農薬を当てることで劇的に農薬散布量を減らす技術開発を進めていたりします。

しかし、どこまで対抗できるのかは未知数です。2021年、スリランカは国内の農産物を全て有機農業にすることを目指すと宣言しましたが、5ヵ月で断念に追い込まれました。

なぜスリランカがこんなことを考えたのかというと、2016年、スリランカの毒物学者チャンナ・ジャヤスマナが、スリランカに多い、ある種の慢性腎臓病の原因はグリホサート（ラウンドアップ）ではないかという仮説を発表し、大騒ぎになったからです。

これに影響された政府がグリホサートの使用を禁止しますが、茶畑が雑草にやられてしまって大失敗に終わりました。しかしどういうわけか政府は懲りずに2019年、今度は有機農業を推進します。「アースデモクラシー」思想で世界的に有名なインドの環境活動家、ヴァンダナ・シヴァも参画し、２０２１年4月に化学肥料や農薬の使用を全面禁止し、有機栽培に転換すると発表し、欧米の環境団体から絶賛されます。

翌5月には政策が実行されましたが、やはり大失敗が続き、スリランカは食料不足に陥りました。そのため２０２１年11月には有機農業政策を全面撤廃したものの、すぐウクライナ戦争が発生して輸入食料も高騰し、スリランカは混迷の極みに達します。

そもそも端緒となった慢性腎臓病は、グリホサートができる前からスリランカで発生していた病気で、全くこの仮説には根拠がありませんでした。そのためスリランカ国内ではこの仮説が間違いだという他の毒性学者の声も多かったのですが、ポピュリズムにおもねる政治家に、そんな常識や良識は通用しなかったのです。

◉有機農業普及には、最先端の育種技術に頼らねばならない

ＲＮＡ農薬がまだ出て来ない現状で、どうしても有機農業を推進しようとするならば、有機農業に適した作物の品種改良を行わなければならないでしょう。そうなると、遺伝子組み換えやゲノム編集によって品種改良のスピードを劇的に向上させないと難しいことが多いと考えられます。

遺伝子組み換え技術で作られる作物は、体内に殺虫成分を持ち、除草剤成分を放出して自分の敵になる雑草を枯らせていくような性質を持つことになります。そんな能力を持たないと無農薬で害虫や雑草に対抗できないからです。

たとえば、コメの重要害虫にニカメイガがいます。ニカメイガは夏の間に2回孵化《ふか》するので「ニカ」と名前がつくのですが、暖かい地域では3回孵化するのでサンカメイガと呼ばれたりします。

このニカメイガの幼虫であるニカメイチュウ（サンカメイチュウ）が稲を食害するので重要害

虫になっています。ニカメイチュウは鱗翅目《りんしもく》の蛾《が》なのでＢＴ毒が有効です。ＢＴ毒は、遺伝子組み換え作物のトウモロコシなどに最初に導入された「殺虫剤」で、もともと自然界に大量に存在します。

そのへんの土の中にいくらでもいるバシラス・チューリンゲンシス（*Bacillus thuringiensis* ＢＴ）という細菌が出す毒素で鱗翅目の昆虫以外に毒性を持たないことでも知られています。これを稲に導入すれば、ニカメイガは駆逐できるわけです。

とはいえ、稲の重要害虫はニカメイガだけではありません。イネミズゾウムシやウンカ、カメムシなどもいます。いもち病のように病原菌が取りつくこともあります。

そうなると多種類の虫や菌に効く成分の方がいいわけですが、杉などが保有するテルペンやタイワンヒノキが持つヒノキチオールあたりが有望かもしれません。いずれも虫や菌には有害でも人間に使う時には有用とされる成分です。

ここであげた化学物質、すなわちテルペンやヒノキチオールはいずれも自然界に普通に存在している天然の物質なので、稲に導入しても抵抗感を持つ人は少ないかも知れません。それどころか、匂いが良いので「稲から良い匂いがする」と評価されたりするかも知れません。

除草成分の放出能力も持たせないといけないでしょう。自然界には除草剤を放出して自分の周囲の草を枯らせて成長していく植物もいます。多くの人にとって最もなじみ深い植物はアジサイでしょう。

すなわち、殺虫殺菌成分と除草剤放出機能を持つ稲を作る……そうすれば少ない労力で有機栽培可能なコメを作れることになります。

しかし、これだけの機能をコメに保有させるには相当な研究開発力が必要でしょうし、コメにもコシヒカリや山田錦など多くの品種がありますから、品種ごとに導入していく必要も出てきます。おそらく2050年までに全てやりきることは難しいでしょう。

しかし、それより問題なのは、そんな作物を作ったとしても、消費者から支持されるかです。有機農業を熱心に支持する人は、多くが反遺伝子組み換え論者です。ゲノム編集にしても遺伝子組み換えの延長線上にある技術なのは間違いないわけですから、反遺伝子組み換え論者は反ゲノム編集論者とほぼイコールと言ってもいいでしょう。

無農薬栽培や有機農業をやっている農家は、素人目には反農薬、反遺伝子組み換え論者のように見えるかもしれませんが、実際は違います。彼らは、一部の人を除いて、農薬や化学肥料を使う、いわゆる慣行農法を行う農家を否定したりはしません。それどころか「農薬や化学肥料は偉大だ」とまで思っている人が多いのです。無農薬や有機栽培をやるのが困難であることを身にしみて知っているからこそ、彼らはそう考えます。そして、彼らは現実をよく知らないのに慣行農業を否定する人の主張を苦々しく見ているものなのです。

◉学校に有機給食を導入するのは教育的に害悪になる

先に、有機栽培を政府が拡大する計画を立てた理由は輸出にあると書きました。実際、輸出をしようとする場合に、相手国の農薬残留基準をクリアするには無農薬が最強です。無農薬とまでいかなくとも、少なくとも減農薬が求められることになるでしょう。しかし、それは果たして世界の農業にとって良いことなのでしょうか？

マスコミやネットメディアでは人気の有機農業ですが、実行するには多くの困難があります。国によっても気候風土はさまざまです。中でも日本や中国、チリなど、南北に１０００キロ以上の長さをもつ国は寒冷地から熱帯地まで国土が広がっていたりします。当然、北と南では作っているものが違いますし、当然農業のやり方も異なってきます。

そんな中、各地で有機栽培が行われているわけですが、有機栽培には2通りあります。ひとつは貧困国で行われている有機栽培で、もうひとつは経済的に豊かな国で行われている有機栽培です。

前者は貧しいために化学肥料も農薬も買えず、しかたなく行われる有機栽培です。人間の出す糞尿はもちろん、人間の食べ物と競合しないものを食べる家畜を飼い、有機物を確保して農作物を作るのが一般的です。しかし作物が十分に育つほど有機肥料を確保できないことも多く、農薬が買えないので病害虫にも無力になりがちです。当然農業生産力は低くなるので農家は余裕のある生活ができません。機械も買えないので作業効率も低いままです。

後者は化学肥料も農薬も買える国で行われる有機栽培で、慣行栽培と呼ばれる一般的な栽培よりも困難なことが多いのですが、あえて化学肥料や農薬を使用しない栽培方法をとります。なぜそんな困難の多い方法をとるのかと言うと、科学的に間違っている「安全な農作物」を作りたい、買いたいと思う人たちや、栽培スキル向上のため、あえて飛車角落ちで自然に挑んでみようとする人などがおられるからです。

日本で行われているのは後者で、近年、有機給食導入運動が多くの市町村で行われています。有機給食導入運動とは学校給食の食材に有機農産物を導入しようとする市民運動です。

学校教育法で認められている学校は、当然ながら科学に立脚した教育を行わなければなりませんが、運動家たちがよく言う「子供に安全な有機給食を」といったキャッチフレーズは科学的に間違っており、学校教育にそぐわないものです。意地悪な言い方をすると、親や教師を将来子供がバカにするようになる原因になります。

親が実現した「安全な有機給食」で育った子供が長じて大学に進学するとします。子供が医学部や薬学部、あるいは農学部などで毒性学や農薬学について勉強したら、「私の親はなんてバカなことをやっていたのだろう」と思ってしまう程度のことをやっているのです。それ以前に高校生物を学んでいれば、代謝という毒を排出する能力を私たちは持っていることを学びます。すると優秀な高校生は体内に入った農薬はどうなるのだろうかと、自分で調べるくらいはします。子供が優秀な学力を持っているほど、早いうちから親の愚鈍を知ることになります。

「有機農作物は、慣行農作物よりも安全」だとする認識は、ほかにも多くのゆがみを生じさせています。反農薬を掲げる人は、ほとんどの人が反遺伝子組み換え・反ゲノム編集（作物）の思想を持っています。そして、放射線育種されたコメの品種「あきたこまちR」は危険だと訴える人とも重なります。あきたこまちRのデマに関しては、あまりのひどさに秋田県が注意を呼びかける事態にまで発展しました。

普通に勉強すれば、遺伝子組み換え作物の安全性は、そんじょそこらの有機農産物とは比較にならないほどに分析され尽くしています。カドミウムを吸収しないあきたこまちRを批判する人は、持論を主張するためにイタイイタイ病など過去のカドミウム被害を軽く見ていて胸糞悪くなるほどです。

こうしたデマが跋扈《ばっこ》することは、食の安全を脅かすのみならず、日本の農業が科学の成果を取り入れることを妨害します。

そうした事態に怒っている有機農家も少なくありませんが、言論の自由がありますから、デマを叫ぶ連中の口を塞ぐことはできません。しかし少なくとも学校教育の場で、反農薬・反遺伝子組み換えその他の〝宗教〟を持ち込ませてはなりません。すでに持ち込まれているなら、早急に排除すべきです。排除は簡単で有機給食から「農薬を使わないから安全」といった語句を使用禁止にすれば済みます。

◉「科学的な安全」に則した栽培基準作りを

それと同時に、時代に合わなくなった有機の栽培基準についても、そろそろ改善の手を入れていいのではないでしょうか？

有機食品の検査認証を制定した有機ＪＡＳ法は１９９９年に作られ、直近では２０２２年に有機酒類を追加するなど改定の手が入っているのですが、どういうわけか現職の有機農家の要望などはなかなか反映されないようです。

よく言われる有機農家の要望としては、生分解性マルチの使用の解禁が挙げられます。生分解性マルチとは畑作で使われるマルチの素材に石油由来のポリプロピレンではなく、生分解性プラスチックを使っている農業資材です。

生分解性プラスチックは、敷いた直後はポリプロピレンのマルチと同等の機能を有しますが、数ヵ月紫外線に当たったり、土壌の微生物に接触したりしているうちに劣化・分解して最後には二酸化炭素と水になります。安全性に全く問題はありません。

その上、通常のマルチですと収穫が終わると剝《は》がしてまわってゴミとして出さないといけなくなりますが、生分解性マルチだとすき込んでしまえばゴミにならず回収の手間も不要です。

そんな生分解性プラスチックのマルチを有機ＪＡＳで使えないのは、有機農業の推進に関する法律の第2条で

この法律において「有機農業」とは、化学的に合成された肥料及び農薬を使用しないこと並びに遺伝子組換え技術を利用しないことを基本として、農業生産に由来する環境への負荷をできる限り低減した農業生産の方法を用いて行われる農業をいう。

と規定されているからです。すなわち「化学的に合成された」ものは安全でも使用不可と言うことです。ただし、そんな有機農業で使ってもよいとされる農薬や資材の中には、化学合成されているとおぼしきモノもいくつかあります。

たとえばボルドー液を挙げましょう。ボルドー液は世界でも最も古くから使われている農薬の一種で、有機ＪＡＳ法でも使用が許されている農薬です。

ボルドー液は溶解した硫酸銅と、生石灰を混合させて作った石灰乳を攪拌して作られます。この製造工程は、典型的な化学合成だと私は思いますし、化学者の方もそう考えると思いますが、

どういうわけか使っていいとされています。

同じく有機農業で使っていいとされる殺虫剤ピレトリンは、化学農薬より有害ですらあります。ピレトリンは除虫菊から抽出された殺虫成分ですが、魚毒性が高い農薬で水生生物に害があります。そのため昔から畑作には使われても、水稲で使うことはありませんでした。水稲で使えば、川の魚が大量に死んでぷかぷか浮く可能性が高かったからです。

しかし、水稲でもピレトリンの殺虫能力を使いたいと考えた化学者たちは、ピレトリンを魔改造し、現在では魚毒性がほとんどない農薬まで開発されています。こうした農薬をピレスロイド系農薬と言いますが、有機で使っていい農薬より安全性が高く環境負荷も少ないのに化学合成しているから使ってはいけないとされるのも、私の考えでは意味不明です。

神経毒ネオニコチノイド、いわゆるネオニコも、自然界にあるニコチンをモデルにして開発されていますが、ニコチンがあまりに危険で農薬として使えないので、安全に使えるニコチンとして開発されました。無農薬信者の人には猛毒のように言われていますが、今最も多く使われているジノテフランなど毒性は同じ神経毒であるカフェインの10分の1程度でしかありません。お茶を例に挙げると、残留するジノテフランの40倍ほどカフェインが含まれており、お茶を大量に飲んで神経毒にあたることがあります。これをネオニコ（ジノテフラン）のせいだとする学者がいますが、毒性学的に見ればまずカフェイン中毒を疑うのが筋です。

さらに言えば遺伝子組み換え作物は、有機農産物には行われていない膨大な検査を行っているため、間違いなく安全なのは科学者の世界では常識で、今では論争すらありません。そんな事例を並べていくと、本当の「食の安全」や環境負荷の低減を追及しようと思ったら、有機農業の基準にきちんと科学の手を入れる必要があるとは言えないでしょうか?

科学の手を入れると、有機農業とは言えなくなるのかも知れません……いや、そうなるでしょう。当然論争が巻き起こります。宗教のように有機農業の安全性を信じて疑わない人がいますから、科学の手を入れることは有機農業を破壊すると思い込んで、論争がこじれるのは容易に想像できます。

ならば、有機農産物とは別の安全な農作物基準を作って差別化するのが有効でしょう。たとえば、「環境負荷低減農作物」といった名前を付けられる基準を作りましょうということです。イメージとしては、有機農業よりも環境保全に振り、農地に入れても環境に問題ないと考えられるなら、化学製品でも使っていいというイメージです。

たとえば、農地で使用しても分解して無害なものになる資材リストを作り、その資材以外は使わない栽培が行われているなら「環境負荷低減農作物」のラベルを貼ってある農作物の販売を認めようとするとしましょう。

資材リストはこんな感じになるでしょうか。先に挙げた生分解性マルチは使用可になりますが、ポリプロピレンのマルチは使用不可とすべきかも知れません……。実際はポリプロピレンも炭素と水素からできているので、燃やしても発生するのは二酸化炭素と水（水蒸気）だけなので問題はないのですが、有害な塩化水素が出るポリ塩化ビニルと区別がつかず、ポリ塩化ビニルを燃やしてしまう人がいるからです。

あるいは有機農業で使っていい農薬のピレトリンは魚毒性が高いので使用不可とするが、魚毒性に問題がなく、分解しても自然界に問題を起こさない、安全性の高い農薬は化学合成されていても使用可とすべきとする。ただし魚毒性は安全性において最高水準である魚毒性A類に分類される薬剤しか認めず、B類は使用不可……みたいな感じにするのが良いのではないかと私は考えますが、これも有機農家には抵抗のある考えになるのかもしれません。

いずれにしても、有機農家と環境の専門家が侃々諤々《かんかんがくがく》しながら基準を作っていくべきだと思います。そもそも現在の有機栽培の基準は有機農業に関わる人たちが農水省も交えて日本の基準を自分たちで作ろうと話を進めている最中に、農水省から議論している時間がないとしてヨーロッパの基準を参考に短時間で作られたものだと聞いています。言い換えれば、押し付けられたものです。

5年くらい時間をかけてもいいから……というより、それくらいの時間は普通にかかると思いますが、日本流の基準を作るべきです。そんなことを言うと、そんな独自基準を作っても世界に通用しないと反論されそうですが、そうでしょうか?

実際は、日本が基準を作ったら、日本を真似た基準を作る国は少なくないと私は見ています。気候風土が違う国から事実上押し付けられる基準に従いたくない国は多いからです。どこの国もスリランカの二の舞いはしたくないのです。

当面は輸出を念頭に有機農業や低農薬農業を続ける。しかし将来的には外交も駆使して、実効ある環境保全活動をリードする。そんなことができるのは、少なくとも欧米ではありません。

第５章

農家の持続可能性

子供たちに我々は何を残すのか

◉農家の持続可能性は無視されている

さて、もっとも重要な農業のＳＤＧｓのテーマ、農家の持続可能性について考えてみましょう。農家がいなければ農業など成立しないのですから。

農家の数が激減していることは、誰もが知っています。終戦の頃まで、日本の労働者の半分以上は農業を営んでいました。その後、高度経済成長を経て現在に至るまで、農家の数は減り続けます。２０２０年農林業センサスでは２０１５年に１９７万人いた農業従事者は２０２０年には１５２万人まで減りました。5年で45万人、23パーセント減ったことになります。

しかし、農業生産は、それほど下がりませんでした。そうなったのは機械や施設の力を借りて生産を維持・拡大することが可能だったからです。たとえば昔ならひとりでやるなら1日かかった田植えや稲刈りを、今の機械なら小型機でも1時間、大型機なら10分でやってしまうでしょう。農薬の力もすさまじいものがあります。除草剤によっては、数秒で除草がすんでしまいます。数分ではありません。世界最速クラスの短距離ランナーが１００メートルを9秒前後で走るのより短い時間で300坪の草取りが済んでしまうのです。

機械や施設、農薬などの進化は、農家の大規模化にも貢献しました。農業で食べていけなくなったと思った人たちがサラリーマンなど他業種に移行していく時、自分が所有する農地を借りてくれる人がいたので、彼らは心置きなく農業をやめることができました。農業をやめた人の農地を引き受ける農家もたいした苦労なしに自分の農業の規模拡大ができたのです。

しかし、離農する人の農地を引き受けて大規模化した農家も、もはや高齢化しました。その結果、現在多くの大規模農家も後継者がいなくて大幅に規模を縮小したり、廃業し始めています。規模縮小、ないしは廃業するとなると、大規模農家は借りていた農地を地主に返還することになります。返還されると、地主はパニックに陥ります。自分が農業を継続できないから貸したのですから、返されたら困るのです。

幸運にも他の借手がいるなら、その人に貸せば問題ないのですが、そんな人はもうほとんどいません。比較的若い、まだまだ農業を続けられる人のもとには、自分の農地を借りてくれと地主が殺到しています。そんな状態ですから、借りる方も目一杯規模を拡大していて、さらに農地を借りる余裕がないことも多いのです。

借手のない農地は、維持のため毎年何回か草刈りが必須です。草刈りをしないと草が伸びすぎて刈るのも大変になりますから、年に2回か3回はやります。仮に1反（約300坪）という非常に小さい面積で草刈りをすることを想像してみてください。ホームセンターで売っているような長い柄のついた草刈り機（刈払機）で仕事すると、これだけ刈るのに1日を費やしてしまうでしょう。短時間で刈ろうとすると、数十万円はするハンマーナイフモアと呼ばれる自走型の草刈り機が必要ですが、1日1ヘクタールの草を刈ろうとすると安い小型のものでは無理で、2、300万円はする大型機が必要になるでしょう。

かといって放っておけば草は伸び放題になり、害虫の住処になったり、害獣の隠れ場所になったりして周囲の農地に被害をもたらします。代わりに除草剤をまいてもいいですが、草刈り同様、大面積になると何百万もする散布機が必要です。すなわち、農地は持っているだけで相当な手間、高コストなのです。

そうした事情から、地主が農家に「地代を払うから借りてください」と頭を下げないと借りてもらえない……たとえばマンションを借りるとオーナーから家賃がもらえるような、資本主義の論理の正反対のことをしないと借りてもらえない。そんな農地は今もありますが、今後急増してくるのは確実です。

いずれ、農地を売るにしても売れないので、お金を付けないと売却できない（地価がマイナスになる）ところも出てくるだろうと思っていましたら、実際にそんな例がありました。2ヘクタールの農地を200万円つけて売ったそうです。

なぜそんな状態になるのか？　誰もが知るように、農業で生活するお金を稼いでいくことが難しいからです。農産物が供給過剰で、価格が上がらないからです。

なぜ農家が減るのに供給過剰になるのか。農業技術の進化による「多収安定」による生産量の増加と、農産物の輸入が原因です。農業技術の進化による多収安定には、主に品種改良と農薬、そして農機の普及と進化が大きな貢献をしています。品種改良によって同じ作物でも昔よりも量が多くなっています。コメなど昔は10アールあたり200キロから多くて300キロ程度しか収穫できませんでしたが、今の品種はこの倍は普通にとれます。多収品種になると700キロとれて、上手な人が作ると1トンになることもあります。農薬によって生産も安定しました。病害虫や雑草によって減収する恐れがなくなったと同時に、防除にかかる時間も減りました。そこに人間の手作業の何十倍・何百倍の速さで仕事をこなす農機が大量の仕事をこなします。言い換えれば、農家ひとりあたりの生産可能量が何倍も増えて、農家が減ることによる生産量減を上回っている状態が続いて供給過剰となっています。

そして供給過剰がひどくなると行われるのが「生産調整」と呼ばれる農作物の廃棄です。市場に出しても、つく値段が安いと出荷するほど農家は赤字になりますから、出荷を取りやめ、田畑に戻して（捨てて）トラクターで耕し、供給を減らすのです。

農家のそんな状態が報道されたりすると、「それはもったいない。捨てるくらいなら私が欲しい」と思われる方もいらっしゃるでしょうが、農家としては差し上げるわけにはいきません。ただで、あるいは捨て値で買う人に渡していれば、その方は一般流通している野菜を買わなくなるので供給過剰をひどくするだけにしかならないからです。

たとえば、スーパーで100円の商品が売られていて、毎日100個売れているとしましょう。スーパーの売上は毎日1万円になります。もしここに傷物の商品が半額の50円で10個か20個を並べるとどうなるでしょうか?

野菜にちょっとしたキズがついているくらいなら買ってもいいと思うお客様は普通にいます。しかも半額だったら真っ先に買っていかれるでしょう。そうなるとスーパーは傷物を売ったことで全体の売上が下がります。10個並べたら売上は9500円、20個並べたら9000円に減少するでしょう。農家も同様です。

そんな事情をご存知ない消費者の中には、これは食品ロスの一種だから流通できるようにしようとがんばる方もおられるのですが、はっきり申し上げれば農家に迷惑なだけです。

こう書くと、「だったら、もっとほかに儲かる作物を作ればいいだろう」「六次産業をやればいいだろう」という反論が返ってきそうです。もちろん農家もそんなことは百も承知です。農業のマーケティングなどとのたまう人が多く出てくるよりずっと前、1970年代にはすでにマーケティングによる差別化を狙った農家が出現しています。ハウスを建てて寒い時期にも暖かい環境を作って栽培時期をずらし、供給が減り高い価格で売れる時期に出荷する。あるいは高付加価値のとれる栽培が難しい作物に挑戦したりすることがよくありました。

六次産業化はもっと早く、1899年（明治32年）まだ農家だったカゴメの創業者蟹江《かにえ》一太郎《いちたろう》がトマトピューレを作ったのが始まりだと思われます。他にも1952年には愛媛県の農協がポンジュースの販売を開始しています。コロナ禍で取り扱いが大幅に増えたネットの産直も、インターネットが普及を始めた95年ごろにはもう始まっていました。

そうした努力が功を奏し、低収益を改善した農家も少なくないのですが、そんな方法もみんながやれば、やはり供給過剰に陥るわけです。

典型例が、2022年初頭のネギの安値でしょうか？　長ネギ3本が99円で売られるのを見たネギ農家の方が衝撃を受けてツイッターに投稿して話題になりました。原因は前年にコロナの影響で中国からの輸入が止まり、価格が比較的高値になったことから多くの農家が作り出し、豊作も重なって一気に供給過剰になったためだとみられています。

全国の農家が供給過剰の安値から逃れようと、儲かりそうな作物を探しています。30年ほど前は、そんな高値で売れる「隙間」ないしはニッチな市場が多少は存在していましたが、今はほとんど残っていません。

ニッチな市場がなくなった理由は、農家の努力もありますが、もうひとつの理由は、輸入される農作物が増えているのもあります。

多くの人が誤解しているようですが、日本の農業は全てにおいて国際競争力がないわけではありません。野菜などは決して弱いとは言えないでしょう。輸入関税がほとんどかからない現在、国産野菜が安いため輸入野菜も厳しい価格競争にさらされます。決して輸入物が強い、安いとは言えないのです。そんな事情から、国産野菜が高くなると輸入され、安くなると輸入が止まる野菜もいくつかあります。

もともと供給過剰気味なところに、高くなると輸入が増えて価格上昇が妨げられるので、常に野菜の価格は低価格に抑えられるようになっているのです。大きな災害が起きて大産地が壊滅するなどして供給が大幅に減り、価格が上がらないと十分な収益が得られない……もちろんこれは大災害にやられていない産地のことで、やられた産地は大減収になります。

農家の中には、そんな状況を見て、農家はもっと減るべきだと考える人もいます。農家が減れば、その分供給が減るので価格が上がると考えておられるのだと思いますが、もしそうなっても供給過剰は大きくは緩和されないでしょう。

農業技術は今も進化しており、人が運転しなくても田畑を耕す自動運転トラクターに代表される農機の進化によって、ひとりあたりの生産量はこれからも増加し続けます。たとえば、これまでひとりで30アールが限度だった野菜の栽培が60アールまで労働時間を増やさずにできるようになったり、10ヘクタールが限度だったところが30ヘクタールまでできるようになったりするでしょう。もちろん、そうした農機の進化にも限度がありますが、農業人口が半減したら生産量も半分になるとはまず考えられません。

その上、日本の人口がこれからどんどん減っていくわけですから、農産物の市場規模も小さくなっていきます。2050年に日本の人口が1億人、2100年は6000万人程度になるのは、大量の移民でも来ない限り、ほぼ間違いのない未来なのです。

そんな状態なら、「農家がもっと減るべきだ」というのは正しいのではないかとお考えの方も多いでしょう。経済的に見れば、そうなるでしょう。しかし、それで日本はどうなるのでしょうか？

まず考えられるのは、中山間地を中心に耕作放棄地が増えることです。今の農業生産は、大量生産を可能にする大型機械によって維持されている面が大きいのですが、こうした機械は広い農地でこそ威力を発揮します。いわゆる千枚田とまでは行かなくても、比較的狭い10アール以下の農地が段々になっているような中山間の農地ではその能力を発揮できません。たとえれば、アウトバーンで時速300キロが出せるフェラーリを遊園地にあるゴーカートのサーキットで走らせるような感じです。

そのため、農水省はみどりの食料システム戦略で、中山間地の小さな農地を集約して大型化するとしています。たとえば、段々になっている5アール前後の田畑を造成して高低差をなくし、50アールにすることで対処しようとしているわけですが、そうした土木工事を日本中で行うことができるのか、やるべきなのかは議論の余地があるところです。

中山間地の農家に、そんな造成工事を行ってお金を払える余力のある農家はまずいません。そのため、補助金などの名目で税金を使って整備することになりますが、日本の財政も決して豊かではありません。また場所や工事のやり方にもよると思いますが、山の斜面を削ったり、盛り土をすることによって高低差をなくす場合、工事によって山崩れや土砂崩れを誘発するような急斜面、ないしは崖を作ることになるのは容易に想像できます。

しかもそうして農地を整備したとしても、農業を続ける農家がいてくれるのか。中山間地は大量生産に向かない土地であるだけでなく、生活にも不便が多いので人口減少は著しくなっているのです。だからそんな農地は放棄して、農家は減らすべきだろうとするのは、確かに説得力のある意見だと言えるでしょう。

私は地元の農業委員会にかかわっている関係で、中山間地で耕作放棄されている田畑をよく見に行きます。中には、よくこんなところで、あるいはこんな環境で農業をやって来たものだと驚かされることも少なくありません。

原野に、あるいは山林に戻してもいいだろうと思える農地もたくさんあって、そこを原野に戻すことに全く異論はないのです。こうした農地は、維持していても生産性が向上する見込みもありません。そうした農地は数が多いのですが面積が小さいので、全部なくしたとしても、おそらく日本の全農地の1～2パーセントが減るくらいにしかなりません。

しかし、「農家は減るべき論」の論者の言う通りに農地を減らす、それも市場の縮小を織り込んで考えると、中山間地の農地の半分程度なくさなければならなくなると考えられます。日本の農地の7割は中山間地にあるからです。

これくらいの規模の農地を減らすとすると、たとえばふたつの谷にある2集落のひとつの谷を全面放棄させて一集落に統合するとか、土地の利用と権利関係でややこしいことがあっちこっちで発生するのは目に見えていますが、そんなことは解決できるものだとしておきましょう。

問題はそんな感じで農地を減らすことは、日本の、そして世界の将来を考えていく上で正しい選択なのか？　ということです。これくらい農地を減らすと、目先の供給過剰はなくなり、農家の所得も向上するでしょう。しかし、それは日本の国内のことしか考えていない、きわめて短絡的な考えだと私は思います。

新規就農で生活していくハードルの高さも問題です。新規就農がサラリーマン生活を嫌う人のあこがれや夢になってきたのは1980年代くらいからですが、毎年数千人ほどの人たちが農業とは全く違う職業から転職してこられます。一部に大成功して世間の注目を浴びる方もそれなりにいらっしゃいますが、思っていたような農業ができなかったと離農される方の方が圧倒的に多いものです。

新規就農の成功率そのものは決して低くありません。サラリーマン生活を嫌っている人が農業と並んで注目するのにラーメン屋やカフェと言った飲食店がありますが、こうした商売をやるよりもずっと成功しやすいのは確かです。

どんな職業にも向き不向きはありますから、新規就農してみて職選びに失敗したと思ったら次の職に移るのはいいのです。しかし、現実に多いのは、準備不足で就農して、やめたくはないが続けられなくなっての離農です。

私は日本で最初の新規就農の教科書を書いています。必要資金について最低800万円、できれば2000万円以上と常に言い続けています。なぜなら、新規就農の経営計画書（就農計画書）を作って資金のシミュレーションをすると、これくらいのお金がないと、新規就農した人たちが生活を安定させる前に資金が尽きてしまう可能性がきわめて高いからです。

しかし、実際に新規就農を志す方は、あまり拙著を読んでくださらないようで、貯金が300万もあれば上等、下手をすると1ヵ月の生活費分に満たない貯金しかない人が就農したりすることもあります。

年金生活で趣味的な農業をするならそれでも続けていけますが、農業収入で食べていこうとすると、普通に考えると資金が足りません。

そのため、農水省は農業次世代人材投資資金（旧青年就農給付金）を作って当面の生活費として年間150万円を最大5年間給付する制度を作りました。現在はこれに代わり設備投資に使うことも念頭に置いた1000万円の新規就農者育成総合対策を始めています。

個人的には、私の考える最低限必要な資金よりも若干多めの支援が得られるようになっており、これ以上は望めないほど充実した制度になったと思います。

しかし、そんな手厚い支援をしても、新規就農者も他の農家同様、農産物の供給過剰に悩まされます。特に多いのは、いわゆる農産物直売所に出す時でしょうか。

農産物直売所は、それぞれの地域の農家が出した作物が生産者の名前や写真入りで並べられ、顧客は、この生産者のトマトがおいしいとか、あの生産者のカボチャは安いとか品定めをして買うのが楽しみな店です。

農産物直売所は、近年地元ではとれない産物を仕入れてきたりもするようになっていますが、メインは地元の農家が持ってくる作物を並べて売ります。同じ地元の農家が作るのですから、同じものがたくさん陳列されることが多く、売れる数以上に作物が持ち込まれることがよくあります。

個々の農家としては、そんな中でも自分の作物は売りきりたいわけです。そうなると価格競争が発生しますが、これが他の商品の価格競争とは比較にならないくらい熾烈《しれつ》なものになりがちです。なぜなら、利益を取ることを考えずに赤字になっても平気で出してくる農家がいるからです。

そんな農家の多くは年金生活者です。サラリーマンとして定年を迎え、老後を農業しながら過ごそうとする人がいるのは悪いことではありません。しかし彼らは年金収入があるので農業で収入がなくても困りません。農業は生きがいとしてやっているだけで、儲かればうれしいですが儲からなくてもいっこうに問題ありません。利益がなくても使った資材の経費が出ればそれで十分なのです。

そんな人たちが供給過剰状態の農作物を直売所に出す時に、自分の作物を売りきりたいために、農業で生活していてはつけられないような安値をつけてきます。そんなことをされたら、当然他の農家も価格競争についていかないと売れなくなって、際限ない低価格競争が始まります。

消費者としては、安く手に入って笑顔になりますが、農家は苦しい立場に追い込まれることになります。何より苦しいのは、そうした低価格に釣られてくる顧客ばかりになると、良いものを相応の価格で買おうとする顧客が直売所に来てくれなくなることです。そうなると安物を欲しがる顧客ばかりが来店するようになりますから、価格を上げるのは自殺行為に近いことになってしまいます。

ある程度以上の規模の農家になると、そんな直売所を見限って出さないようにしたり、余り物を処分したりする時だけに利用したりしますが、新規就農してまだそれほど時間が経っていない、まだ小規模の農家にとって直売所は重要な販売ルートであることが多いのです。

それを示唆するデータがあります。２０２０年3月、産直ＥＣの草分けで、農産物や水産物の直販プラットフォームとして有名なポケットマルシェの登録生産者数が２０００人を超えました。これを期にポケットマルシェ（現社名は雨風太陽）は自社に登録している生産者がどんな農家なのか、アンケートを実施し、結果を公表しています。

同社によれば、生産者の年齢は40歳以下が全体の6割を占め、売上１０００万円以下の農家が全体の7割でした。最も多いのは売上３００万円以下の農家で全体の38・４パーセントを占めていました。そして農家の一次生産物販売全体の売上に占めるポケットマルシェの割合は平均7パーセントでした。農家の平均年齢が67歳と言われる中、年齢が相当に若く、将来性はあるが零細な規模の農家が多いと言えるでしょう。

そんな、ポケットマルシェ登録農家が使っている、「ポケットマルシェ以外の販路」のうち、売上の大きい販路として挙げられたトップが「農産物直売所での販売」でした。

若く、まだ零細な規模の農家が農産物直売所よりも高く売れる販路としてポケットマルシェに魅力を感じて登録農家になった人が多いことがうかがえます。

そんな農家の中には、消費者から気に入られて売上の30パーセントとか、50パーセントが産直ECから得られるようになったという方もいらっしゃるようですが、平均値は7パーセントですから、それほど多くは売れないと言うことなのでしょう。

巷《ちまた》には、これが最強の農業経営だと各地にいらっしゃる優秀な農家を紹介する雑誌やネットの記事が多いのですが、私に言わせれば最強の農業経営は年金生活者の趣味農業に尽きます。

仕事に競争相手はつきものですが、どちらも生活がかかっているなら価格競争するにしても限度があります。しかし、競争相手が利益ゼロでもかまわないと何年にもわたって価格競争をしかけて来られたら、勝てる専業農家はゼロです。

農業の将来を担う若い世代の農家が、年寄の楽しみのために低収益に苦しむ。これはサステイナビリティのある状態と言えるとは、私には思えません。

◉供給過剰は燃料作物生産で一気に解決する

農作物の供給過剰をなくすのは簡単です。供給を減らせばいいだけのことです。ではどうやって既存農作物の供給を減らせるか？　私は穀物、たとえばトウモロコシからエタノールを作ることを提案します。エタノールをガソリンの代わりに使えば、カーボンニュートラルを実現できる上に、それだけ化石燃料の使用を削減できるからです。

カーボンニュートラルとは二酸化炭素の排出量と吸収量とがプラスマイナスゼロの状態になることを言います。植物由来の燃料ですと、燃やして二酸化炭素が発生しても植物が二酸化炭素を吸収します。そして生長した植物を再び燃料化して燃やす。これをくり返しても、地球上の二酸化炭素は循環するだけで増えないという理屈です。

そのため、植物由来の燃料が増えるほど、化石燃料の消費は減り、二酸化炭素は増えなくなります。ならば、日本の農地でバイオエタノール用の作物を作り、燃料を作るようにすれば、作っただけ温室効果ガスが減らせます。食用作物ならぬ、燃料作物を作ろうと言うことです。

トウモロコシや麦を作るのは、いざと言う時の備えにもなります。大不作になっても、もともと多めに作っておけば、よほどの場合でないと困りません。家畜の飼料としても使えますから、余ることもありません。世界的な食料不足が起こって、食料が買えなくなっている国に、いざと言う時に供給できる余裕在庫にもなります。

トウモロコシは家畜用と人間用では品種が違いますが、そのあたりは政策的にどちらに回すのか決めておけばいいだけです。

とはいえ、水田で畑作物であるトウモロコシや麦を作るのは現状の品種では難しいことが多いので、湿害に強いトウモロコシや麦の品種開発までは当面コメを使うことになるでしょう。

ここで湿害に強いトウモロコシや麦を作れと簡単に言いましたが、品種改良に詳しい方に言わせると、湿害に強いトウモロコシや麦の品種改良は大変困難です。これまで何十年と研究されてきて実現できなかったから、そう言われます。しかし、日本人は寒くてコメを作るのが不可能だった北海道でコメを作る努力を100年続け、新潟に並ぶ日本トップクラスのコメの産地にする国民です。選抜育種や放射線育種のみならず、遺伝子組み換えやゲノム編集の技術もある現代なら、日本人が本気になると不可能を可能にすることもできるはずと強調しておきます。

いわゆる植物由来の燃料で、現在実用化されているのはバイオディーゼルとバイオエタノールです。バイオディーゼルは、植物から採集した油を使って作られます。日本ではナタネ油などの食用油の廃油を回収して作られ、ＢＤＦ（Biodiesel Fuel）とも呼ばれます。主に軽油と混合されてディーゼルエンジンの燃料として使われます。混合比によって規格が決められており、Ｅに数字を付けて示されます。Ｅ３なら３パーセント、Ｅ10なら10パーセント軽油にバイオディーゼルを混ぜていると言うことです。

ガソリンにバイオエタノールをＥ３なら３パーセント、Ｅ10なら10パーセント、ガソリンにバイオエタノールを混ぜていると言うことになります。

バイオエタノールの材料になるのはトウモロコシやコメなどに含まれているでんぷん、またはサトウキビやテンサイなどの糖質です。これらを糖化・発酵させて蒸留、脱水させて作ります。エタノールもアルコールの一種ですから、酒の製造工程とほとんど変わらないと言っていいでしょう。

その他にも、稲ワラや木材といった植物が持つセルロースを、硫酸によって加水分解して糖化する方法もありますが、今のところ低コスト生産には難があるようで、今後の技術開発が待たれるところです。

バイオエタノールを燃料にするのは、地球温暖化が叫ばれるずっと前からブラジルで行われていました。材料はサトウキビで、ブラジルは生産量世界一を誇ります。

ブラジルがサトウキビからエタノールを作り、燃料にし出したのは１９７５年からです。73年に第一次オイルショックが発生し、原油価格が暴騰したため、産油国に燃料を全面依存するのは国家として危険ではないかという判断からです。ブラジルは世界最大の砂糖生産国で、当時は砂糖価格が安かったため、価格下落に苦しむサトウキビ農家のために新しい需要を作って需給を引き締め、砂糖の価格を上げる政策目的もありました。

ブラジルは１９７５年に国家アルコール計画（プロアルコール）を作り、１９８０年にはエタノール燃料１００パーセントで動くクルマを開発します。同年にはエタノール生産量は１０００万キロリットルになり、ブラジルを走るクルマの96パーセントがバイオエタノール車になりました。その後原油価格が下ったり、砂糖の価格が上がったりしたためブラジルのエタノール生産は下火になりますが、90年代初めに再び注目を浴びることになります。この頃から地球温暖化の危機が叫ばれ始めたからです。

最も先に対応を始めたのは自動車部品メーカーでした。自動車部品メーカーであるボッシュなどがＦＦＶ（Flex Fuel Vehicle　ガソリンとエタノールなどを任意の比率で混合した燃料が使用可能な自動車）のエンジン開発に必要な部品の開発を始めます。２００３年3月にフォルクスワーゲンがＦＦＶを開発し、欧米自動車メーカーが追従します。

日本の自動車メーカーも、もちろんＦＦＶの開発もしています。すでにトヨタ自動車は

「２００６年６月以降に世界各地で生産している全てのガソリンエンジン車において、燃料系部品の材質変更を行うなど、Ｅ10への技術的対応を完了」しています。もちろんこれはバイオエタノールが世界中で使われる時代になることを想定して行われたのでしょう。トヨタ車は今すぐ10パーセントエタノールを混合したガソリンをクルマに入れて走ることが可能です。

トヨタ自動車は２００７年にはバイオエタノールの混合率が０パーセントから１００パーセントまで対応できるＦＦＶをブラジルで発売しています。車種はカローラで排気量は１・８リットルです。バイオエタノールの燃料で走ると普通ガソリンと較べて性能が落ちるそうなのですが、トヨタのＦＦＶはバイオエタノールを混合しても１・８リットルのガソリンエンジンと同等以上の動力性能を実現しているそうです。２０１８年にはハイブリットＦＦＶの試作車をブラジルで発表しました。

トヨタは、「適時・適地・適車」という考えにもとづき、いつでもどこでも顧客にとって最適な環境対応車を提供しようと考えており、世界各地で使われる状況に全て対応できるバイオエタノール対応エンジンを作ってきたのでしょう。

他の自動車メーカーもアメリカやブラジルでクルマを売るには必要なので、バイオエタノール対応エンジンを積んだクルマは普通に作っています。バイオエタノール対応エンジンの技術で、トヨタと比較して大幅に遅れている自動車メーカーなど、おそらくないと思われます。

アメリカではバイオエタノールの生産は、2007年、米国環境保護庁（EPA）がガソリンにバイオエタノールを混ぜる「再生可能燃料基準」を制定してから急速に増えました。E10、すなわちガソリンに10パーセントのバイオエタノールを混ぜて売られるのが一般的です。

しかし、FFVならE3とか、E10といった規格に合わせてガソリンにバイオエタノールを混合する必要もありません。どんな混合比でも大丈夫なのですから、エタノール生産者が作ったその場でガソリンスタンドを開いて、エタノール100パーセントの〝ガソリン〟を売っても問題ありません。したがって、仮に鹿児島でエタノールを作っていたとすると、県内のガソリン車の燃料は全て県内で自給できて、余った分を東京や大阪に売るといったビジネスも理屈の上では可能になります。

アメリカのバイオエタノールも地球温暖化対策として始められましたが、もうひとつの側面としてトウモロコシ農家救済の側面もありました。アメリカのバイオエタノールはトウモロコシから作られるため、過剰生産で価格が低迷していたトウモロコシを使って燃料を作ると需給が引き締まってトウモロコシの価格が上がることが期待されていたのです。そしてトウモロコシ価格が上がればトウモロコシ農家に出していた農業プログラム（保護政策）の出費が抑えられる。そんな皮算用でした。

実際、こうした政府の後押しがあったおかげで、2014／2015年度ではアメリカで生産されるトウモロコシの4割がバイオエタノール製造に使われるようになりました。

同じことを日本でやるとどうなるでしょうか？　ちょっと試算してみます。

トウモロコシを使ったバイオエタノールを作るとしましょう。アメリカの場合、トウモロコシ1ブッシェルから2・7ガロンのバイオエタノールが作れるとされています。

日本の単位に変換してみましょう。1ブッシェルは体積の単位なので作物によって重量が違いますが、トウモロコシの場合は約25・4キログラム。2・7ガロンは約10・2リットルになります。

アメリカのトウモロコシの収量は、平均すると、だいたい1エーカー170ブッシェル程度。1ブッシェルで10・2リットルのバイオエタノールができるなら、1エーカーで1734リットルになります。1ヘクタールあたりに直すと4335リットルのバイオエタノールができる計算になります。

日本でも同様の計算が成りたつとすると、仮に100万ヘクタールでエタノールを作ると約430万キロリットルのバイオエタノールの生産ができるようになります。

ここで100万ヘクタール、430万キロリットルという仮の数字を出しましたが、100万ヘクタールは2020年の日本の耕地面積437万ヘクタールの23パーセント、430万キロリットルはガソリンの2021年の年間消費量4450万キロリットルの9・6パーセントに相当します。

これだけの面積でトウモロコシを作るとなると、コメの生産量は間違いなく激減します。日本の耕地面積437万ヘクタールのうち、田は半分以上の238万ヘクタールですが、主食用のコメは2020年には137万ヘクタールでしか作られていません。残りの約100万ヘクタールには、飼料米など主食用ではないコメや大豆や野菜など他の作物が植えられています。水田でコメ以外の作物を作るのは、排水の関係があってそもそも不適なのですが、昔の減反や今の転作助成政策によってそれだけ誘導されてきました。

そんな中、これだけの面積が燃料用トウモロコシに移行するとどうなるか？　実際はすでに田で野菜を作ることで生計を立てている野菜農家もおられるので食用米を植えていない田を全て転換することはできません。実際にやってみないとわかりませんが、普通の畑地113万ヘクタールでも燃料用トウモロコシを作らないと100万ヘクタールを確保するのは難しいでしょう。

本当に100万ヘクタールを確保し、燃料用トウモロコシを作るとなると、食用のコメはもちろん、野菜も生産量が減ります。実際には100万ヘクタールの半分の50万ヘクタールを使うだけでもコメ余りは相当解消され、野菜の生産量も減り、農産物価格は上昇を見せるのではないでしょうか。

トウモロコシは日本中で作ることができますが、大型機械で生産性を上げやすい作物なので、広い農地が確保できる地域が良いでしょう。中でも畜産の多い地域が低コストで生産できて有利でしょう。なぜならトウモロコシは収量も多い分、肥料も必要な作物だからです。みどりの食料システム戦略で化学肥料削減を推進するのですから、化学肥料にできるだけ頼らない生産方法をとらないといけません。そうなると容易に大量の有機肥料を確保できる、畜産の盛んな地域でやるのが良いという結論になります。

そしてこれは環境対策にもなります。前章で日本の家畜が出す糞尿は、その気になれば日本の農作物の必要な肥料成分を全て賄えるくらいあるものの、地域的な偏りが大きいと書きました。そのため、畜産が多い地域では家畜糞尿の処理に困っていることがよくあるので、低コスト、かつ運搬に使う化石燃料などの消費を少なくして調達できるわけです。現実には、湿害に強いトウモロコシができるまでコメを使うことになるでしょうが、その場合でも同じ効果は見込めます。

また、いわゆる食品ロスも劇的に減らすことになるでしょう。食品ロスが増える原因は、身もふたもない言い方をすれば、食品価格が安いからです。

●変えなければならない常識、変えざるを得ない常識

ここまでで、いくつかの反論があろうかと思われます。真っ先に上がってくる反論は「これからはEV（電気自動車）の時代だろう。2050年にはほとんど全てのクルマがEVになっているだろうから、今ごろそんなことを始めても無駄ではないのか？」

もっともな反論です。

2020年10月。菅義偉《すがよしひで》総理が所信表明演説で2050年に温室効果ガスの排出を「全体としてゼロにする」と宣言し、経済産業省は2030年代半ばに新車を100パーセント電気自動車にするという目標を掲げました。

海外においても、アメリカ・カリフォルニア州が2035年までに販売する自動車を全てZEV（Zero emission vehicle　ゼロエミッションビークル）にするとか、フランス、イギリス、中国などの国でも同様にエンジン車が発売禁止になると報じられています。ノルウェーに至っては、2030年に全てのクルマをゼロエミッションにするということで、クルマは全てEVにな

りそうな報道ばかりです。

ＥＶ普及に懐疑的な人も少なくありません。ＥＵは２０３５年に発売されるクルマの全てがＥＶとする目標を立てていたのが撤回に追い込まれるなど、ＥＶの普及に暗雲が立ちこめつつあります。そうは言っても、おそらく２０５０年には、大都市を走るクルマの多くがＥＶになるだろうと私も予想します。しかし私は全てのクルマがＥＶになる時代は２０５０年どころか、もっともっと先のことだと考えています。なぜなら、現状、全てのクルマをＥＶにするには多くの人がご存知の通り、問題が山積しているからです。

第一にバッテリーの充電時間です。１日最大２００キロくらいしか走行しない、都市部の短距離の移動に使うなら、充電時間の長さはあまり気になりません。昼間走ってバッテリーがカラになったクルマの充電を、夜の数時間を使って行うことは十分可能です。しかし長距離トラックなど１日５００キロ、１０００キロを走るクルマでは、長い充電時間は致命的な欠陥となります。5分、10分で燃料補給できなければ話になりません。今のＥＶでも急速充電装置を使えば早く充電できますが、今の技術では5分の充電で40キロ走れる程度の充電しかできないようです（実際には充電機の性能や1台あたり充電時間の制約があり50分で充電は不可能なことが多いようです）。

４００キロ走れる電気を充電するのに50分もかかるようでは、長距離トラックのみならず、一般のクルマでも高速道路を走るＥＶは少数に留まると思われます。

そうなると、１日最大２００キロ程度しか走らないクルマはＥＶになっても、それ以外のクルマはハイブリッドかガソリン、ないしはディーゼルエンジン車が主流となると見るのが合理的でしょう。ハイブリッドカーは、市街地など、短時間で停止発進をくり返す走り方では燃費が向上しますが、高速道路など一定速度で、ほとんど停止発進をしない走り方だと普通のガソリン車の方が効率はいいようです。

もちろん、ポスト・リチウムイオン電池として注目されている全固体電池など、バッテリーの技術革新が進めばもっとはやく大量に充電できるようになるかも知れません。しかし、次に述べる第二の問題もあります。

第二に、日本の電力の生産は主に化石燃料によって行われていることです。いち早くクルマの電動化を押し進めたノルウェーの場合、電気の95パーセントが水力発電でつくられています。これほど自然エネルギーがふんだんに入る国なら、確かに全部のクルマを電動にすれば二酸化炭素を出すこともなくなります。

日本でもソーラー発電を中心に自然エネルギーからも電力を作っています。中でもソーラーは、ときに環境破壊の元凶と言われるほど普及しています。しかし、昼間しか充電しません。真っ昼間の充電にはもちろん使えますが、深夜電力を使う充電がメインになるであろうＥＶの場合は、ソーラーの電気ではなく化石燃料から作られた電力を使うこととなるでしょう。とはいえ、夜は電気が余っているので、ある程度の台数まではＥＶの充電は電気を無駄なく消費することにつながるはずです。ＥＶは供給に余裕のある深夜電力を貯めて昼間に使う蓄電池としても機能するからです。

しかし、日本を走るクルマの全てをＥＶにすると、そう言ってもいられません。２０２０年12月、日本自動車工業会の会長である豊田章男《とよだあきお》氏によれば、「現在日本にある乗用車が全部ＥＶであった場合、夏の電力消費ピーク時には10～15パーセント電力が不足する。それを解消するには、原子力発電でプラス10基、火力発電であればプラス20基が必要」になると発言されています。これが日本自動車工業会の試算なのでしょう。

そうなると、今後30年でそれだけの発電所を作ることができるのかを考えると、難しい、不可能だと言わざるを得ないのではないでしょうか?

先に書いたように、ペロブスカイト太陽電池が実用化され、ビルや家屋にどっさり貼られるようになると昼の電気が過剰に余る時代になるかも知れませんが、太陽電池には変わりありませんので、夜の発電はできません。

日本だけでなく、世界的な予測を見てみましょう。国際エネルギー機関（ＩＥＡ）の予測によると、自動車の生産量は新興国の人口増もあり、２０５０年ごろまで増加傾向になると考えられます。平均気温上昇マイナス2度を達成するシナリオでも、2040年に電気自動車は全世界で15パーセント程度しか普及しません。ハイブリッド車やプラグインハイブリッド車がそれぞれ15パーセント、20パーセントとシェアを伸ばしますが、ディーゼル車やガソリン車も11パーセント、35パーセントも残っていることになります。とはいえプラグインハイブリッド、ハイブリッドを含めれば、電気を使って走る「電動車」のシェアは50パーセントほどになります。

国際エネルギー機関も、実際にはもっとEVが普及していくと言う見通しもあることは認めていますが、そもそもこの程度の見通しで目標が達成できるとするのはなぜなのでしょうか？

今、自動車業界ではCASEと呼ばれる技術革新が進行しています。Connected（コネクティッド）、Autonomous/Automated（自動化）、Shared（シェアリング）、Electric（電動化）の4つの技術革新で、電動化もそのひとつに入っていますが、これを急がなければならない事情がありす。各国ですすめられている燃費規制です。

CAFE規制（Corporate Average Fuel Efficiency）は企業別平均燃費基準と呼ばれ、自動車メーカーが販売したクルマの重量別の平均燃費を出して、基準をオーバーしたら高額の罰金を科されます。

この制度があるため、世界中の自動車メーカーが燃費向上に必死になっていますが、規制をクリアするには販売するクルマの相当数を電気自動車にしないと達成は難しい見込みです。

おそらくＩＥＡは、こんな制度を横目に見つつ計算をしているのでしょう。ハイブリッドやプラグインハイブリッドの技術に助けられ、燃費が向上することで十分な量の二酸化炭素の排出が減らせると考えているようです。

そもそも、今ですら世界の未電化人口（電気が通っていない地域の人口）は10億人ほどいます。この10億人に電気を供給できるようにするだけでも大事業なのに、果たして全部のクルマをＥＶにできるでしょうか？

さらにいえば、販売されるクルマのたとえば8割がＥＶとなったとしても2割はエンジン車が残ります。その2割をできるだけカーボンニュートラルにするとしても、１００万ヘクタールのトウモロコシで作るバイオエタノールでは足りないのです。現実には、水素エンジン車も導入しないと難しいのではないかと、私は考えます。穀物から燃料を作っても、余ることはないのです。

次にバイオ燃料は、作るエネルギー以上に化石燃料を消費するから無駄だといった反論もあります。どのような計算がなされているのかよくわからないのですが、化石燃料を使って製造すればエネルギー収支はマイナスになる懸念があるのでしょう。しかし、それは化石燃料を原料調達や製造、そして運搬に使うからであって、再生可能エネルギーを使い、再生可能エネルギーをエネルギー密度が高くて保管可能な形に変換・保管する道具としてバイオ燃料を考えれば問題はなくなります。

電気は保存が難しいとよく言われます。もちろん電池によって保管はできますが長期間大量に保管するのは、今なお困難です。近年九州電力は再生可能エネルギーの買い取りを拒否することがよくあります。九州で太陽光発電が増えすぎて、時期によっては需要を大幅に超える発電量になり、全て買い取ると需給バランスが崩れて大規模停電が起きるからです。だったら電池で蓄電すればいいいと誰でも思いつきますが、エネルギー密度の高いリチウムイオン電池ですら、ガソリンの数十分の一しか重量あたりのエネルギー密度がありません。言い換えるとガソリン1リットル分のエネルギーを蓄えるのに電池だとガソリンの何十倍もの重量物が必要となるのです。実際、ＥＶの重量はかなりのもので、橋梁《きょうりょう》や立体駐車場がＥＶの重みに耐えかねて潰れる懸念が指摘されており、海外では実際に立体駐車場が潰れる事故も起きています。

しかし、余っている電力をエタノールに〝変換〟すると重量は減るし、長期保存も容易になります。もちろんエタノールを作る工場では24時間電力供給が必要でしょうが、雨の日や夜間に必要な数日程度の電気は再生可能エネルギーをリチウムイオン、あるいは近いうちに実用化されるという全固体電池で対処可能になるかもしれません。

第三に、トウモロコシをエタノールにして使っても、農家は救えないのではないかという疑問もあろうかと思います。

「確かにアメリカではトウモロコシをエタノール製造に使うことによってトウモロコシ価格は上昇した。しかし、価格が上昇したのは数年だけで、その後は昔の低価格に戻ったではないか？」

米国環境保護庁（ＥＰＡ）が、ガソリンにバイオエタノールを混ぜる「再生可能燃料基準」を制定した２００７年に、１ブッシェル４ドル20セントだったトウモロコシ価格は干ばつによる不作もあり、２０１２年には過去最高の６ドル89セントまで上昇しました。しかし翌年の２０１３年から豊作が続いて価格は暴落し、２０１４年から２０１９年までは２００７年の価格水準をも下回る３ドル台で推移し、ウクライナ戦争まで価格は上昇しませんでした。

なぜそんなことになったのか。価格に影響する要因はいろいろありますが、間違いなく言えるのはトウモロコシの栽培面積は増加傾向にある上に、反収も年々増えているからです。２０００年ごろ、アメリカのトウモロコシ栽培面積は８０００万エーカーほどでしたが、２０２０年には９６００万エーカーに増加しています。収量も40年前は１エーカー平均１２０ブッシェル程度しか取れなかったのが年々増え続け、今では平均１７０ブッシェルも取れるようになり、近いうちに平均１８０ブッシェルも超えると見られています。簡単に言えば供給過剰になっていたということです。

エタノール生産は、そんなトウモロコシの供給過剰を引き締める政策でもあったので、生産量に上限が設けられていました。そこに、トウモロコシが儲かると見て栽培が増えたため再び価格が下落したわけです。

同じことが日本で起きるか。起きません。なぜなら、日本でコメ以外の穀物生産は、圧倒的に少ないからです。コメ以外の穀類は、麦は大麦小麦その他ひっくるめて約28万ヘクタール、大豆は14万ヘクタール程度に過ぎません。アメリカのような広大な農地がない日本では、10万ヘクタール単位でトウモロコシを作れば10万ヘクタール単位でコメが減るしかありません。

第4に、食料価格が上がれば安く生産できる国からの輸入が増えるので、国産農作物は売れなくなるのではないか？　と考える方もおられるでしょう。今でも価格を売り物にして入ってくる農作物はあります。しかしそんな場合はセーフガードを活用すればいいのです。

セーフガードとはＷＴＯで認められた「国内産業に重大な損害等を与えまたは与えるおそれがあるような増加した数量の輸入に対して、かかる損害を防止するために、当該輸入国政府が発動する関税引き上げ・輸入数量制限の緊急措置」のことで、自由貿易の原則とはなんら矛盾しません。

実際、調べてみると１９９５年に設立したＷＴＯが設立協定発効後20年（２０１６年）の間に世界各地でセーフガードを発効させるか否かの調査が世界中で３１４件行われ、実際にセーフガード発動（措置）が行われたのは１５４件でした。

日本の場合、２００１年に畳表、生しいたけ、ネギで発動しましたが、畳表の輸入先が事実上中国のみであったため、中国が報復措置をとり日本から輸出される自動車や携帯電話などの関税を引き上げて対抗しました。近年も２０２１年に日米貿易協定にもとづき、牛肉のセーフガード発動がなされました。

セーフガードは一方的にそれぞれの国が発動できますが、締め出されることになる輸出国は、ＷＴＯに提訴することができます。そのため、たびたび国際問題になるわけですが、日本はセーフガードの発動数が少なすぎます。経済産業省が調査している主要国の中でも最低クラスに属します。世界の多くの国は、日本の何倍、何十倍も多くのセーフガードを文字通りカードとして

WTO発足後のセーフガード措置
（調査・確定措置）の発動状況
1995～2021

	調査	確定
アメリカ	13	8
EU	6	4
カナダ	4	1
豪州	4	0
日本	1	0
中国	2	2
フィリピン	20	9
インド	46	22
インドネシア	38	28
トルコ	28	19
ロシア	7	4
ウクライナ	25	9
ヨルダン	19	9
エジプト	15	8
チリ	20	9
その他	152	69
合計	408	206

2022年版不公正貿易報告書（経済産業省）より抜粋。本文で触れた日本の2例はセーフガード協定によるものではないため、カウントされていない。
https://www.meti.go.jp/shingikai/sankoshin/tsusho_boeki/fukosei_boeki/report_2022/pdf/2022_02_08.pdf

使っています。日本がもっとセーフガードを使ったからといって、国際的な非難を浴びるとも思えませんし、できるものなら浴びるくらいの外交手腕を発揮してもらいたいものです。

第5に、そんなことをして食料価格を上げたら、家計を直撃する。金持ちはいいかもしれないが、所得の低い人たちの生活は成り立たなくなるのではないかといった懸念もあるでしょう。

確かに、インフレ率よりも賃上げが低くなれば低所得の人ほど生活が苦しくなるのは道理です。中でも母子家庭や非正規雇用の人たちがクローズアップされることがよくありますが、彼らが食べていけるようにするのは食料価格を低いままにすることでしょうか？

こんな場合はＳＮＡＰ（Supplemental Nutrition Assistance Program）と呼ばれる補助的栄養支援プログラムが参考になるでしょう。ＳＮＡＰはアメリカの貧困家庭でも栄養的に適切な食品を安く購入できるように作られた制度です。

アメリカでは１９６４年にフードスタンプが開始されます。フードスタンプとは貧困状態にある国民に支給されるクーポンや金券のことで、フードスタンプを使うと食料品を安く買えるようになっていました。

２００８年からはフードスタンプはＳＮＡＰに改訂され、現在では金券の代わりにＥＢＴカード（Electronic benefit transfer）というカードが使われています。

アメリカの州によって多少違いもあるようですが、ＥＢＴカードで買えるのは食料品や家庭菜園レベルの野菜の種などで、アルコール飲料やタバコなどの購入には使えなくなっています。

SNAPは2015年の数字では、アメリカ国民の7人にひとりが使っているとされています。現在ではふたりにひとりは使ったことがあるといわれるほど普及しています。

裏を返せば、アメリカ国民のふたりにひとりは一生のうち1回は貧困状態に陥るということで、これはこれでいかがなものかと思いますが、それだけに救済制度が整えられているということでしょう。

こうした制度があると、食品価格が高くなっても貧困層の負担を増やすことはなくなるでしょう。たとえば、通常なら980円の価格がついている食品を買うのに、救済制度の対象者には半額で買えるといった形にすればいいわけです。

こうした制度を運用していくときによく心配されるのは、スーパーなどで食品を買う時にEBTカードを出すと自分の貧困がレジの人や後に並んでいる人に知られてしまうということです。スーパーのレジ係の人や後に並んでいる人がおしゃべりな知人だったりすると「あ、○○さんEBTカード出してる！　みかけは普通なのに貧乏してるんだぁ」などと周囲の人にしゃべられたりして肩身が狭くなったり、子供がいじめられるきっかけになったりする危険があります。

要するに、個人の尊厳を傷つけるのです。

個人の尊厳を保護するには、キャッシュレス決済が有効でしょう。クレジットカードやバーコード決済と呼ばれる現金以外の取引を使えば対処できるはずです。クレジットカード会社やバーコード決済会社の決済システムに生活保護プログラムを接続すれば済みます。レジで出すのは、誰もが使うクレジットカードやスマートフォンの画面上に表示されるバーコードだけなので、EBTカードのような〝お金のない人が持つカード〟を出す必要がありません。

もちろん、賃金も上げる必要があります。なぜなら、すでに日本は外国人労働者にとって魅力的な賃金を払う国ではなくなっているからです。いわゆる、失われた30年によって賃金が上がらない日本と違い、他国の賃金は上昇しています。すでに日本の賃金水準は、韓国にも抜かれています。

外国人が出稼ぎに行くにも日本よりも賃金水準の高い国が選ばれるようになってきつつあります。実際、今では高卒で日本人を採用するよりも多くのコストをかけて外国人を採用している会社も珍しくなくなりました。そうしないと外国人が来てくれないからですが、農業も例外ではありません。

そんな時代に、農産物価格が上がれば庶民の家計が苦しくなるなどと言っているのは、時代遅れもいいところです。そんな批判をしている暇があったら、我々は高賃金を払っても成立するビジネスモデルを作るのに頭を使い、汗をかくべきでしょう。

◉輸出戦略・葉巻のマーケットでラグビーボールは売れない

日本国内のマーケットが縮小していくため、農作物や農産物加工品の輸出に政府もメーカーも力を入れています。2012年に4500億円だった輸出実績を2020年に1兆円にする計画がたてられました。新型コロナウイルスの流行によって若干遅れたものの、2021年には1兆円が達成されました。1兆円の内訳には、輸入した農作物を原料に使った加工食品が混じっていると批判もされますが、それは横に置いておきます。

輸出はこれからも順調に増えていく見込みですが、2030年に5兆円とされている目標が達成できるか五分五分といったところでしょうか?

ただ、2050年を目標とする長期の輸出戦略を策定するには、もっとしっかりとしたマーケティングを官民あげて行わないと難しいと考えています。

たとえばコメを挙げて見ましょう。日本のコメはおいしいから価格を安くすれば売れるはずだとする意見はよくありますが、大間違いもいいところです。なぜそう断定できるか。簡単です。

日本で栽培しているコメは、ほとんどがジャポニカ米と呼ばれる〝ラグビーボール〟のような短粒種だからです。短粒種は、主に日本、中国、朝鮮といった東アジアで食べられていますが、世界のコメの生産の80パーセントを占めるのはインディカ米と呼ばれる〝葉巻〟のような長粒品種です。すなわち、同じコメといっても世界の大半の地域では、日本のコメはなじみのない〝コメ〟なのです。日本人が普通にご飯を炊いて食べるとき、長粒種を炊いて食べたら違和感があるでしょう。同じことを世界の大半の人が感じるのです。

近年日本料理は世界的に人気があるので、短粒種になじみがある国も少しずつ増えてくるかも知れません。が、本気で世界の市場に打って出ようとするなら、世界の80パーセントの市場を見据えた長粒種のインディカ米を作らなければ、始めから勝負になりません。言い換えれば、国内で余っているから輸出しようではなく、最初から国内の市場など見向きもせず、外国の嗜好に合わせた輸出用のコメを作るべきなのです。

どなたか忘れましたが、私より前にコメを輸出したいならインディカ米を作れと言っていた人もおられたと記憶しています。しかし、日本には「農業にはマーケティングが必要だ」と、主張する人が多いにもかかわらず、「インディカ米を作れ」といった声を聞くことがほとんどないのは、個人的に不思議でなりません。

その点、参考にすべきは、アメリカの養豚業です。1988年、アメリカの養豚業は輸入豚肉との競争に勝てず、不景気に沈んでいました。アメリカの養豚農家は、自分たちの豚が世界はおろか地元アメリカですら求められていないと絶望していたのです。

そんな頃、日本企業が安い豚肉を求めてアメリカにやってきます。そしてアメリカの養豚業界は日本がどんな豚肉を欲しがっているかを知りました。そこから彼らは日本人好みの豚を作ることにまい進していきます。日本人が好むロースの長く太い豚を育種改良で作り、日本で求められるカットサイズに合わせて小さくしました。バラ肉は機械で加工できるが、日本の角煮向けのものは、見た目をよくするため、あえて機械に載せず、あばら骨を手作業で1本ずつ取り除くこともしました。そんなふうに品質にうるさい日本向けの輸出仕様の豚を作る努力を続けました。今のアメリカは世界一の豚肉輸出国として、世界市場に君臨しています。

たった30年で大逆転ができたのは、アメリカの養豚業界が生産者も加工業者も流通業者も一丸となり、総力を挙げて日本のマーケットに合わせた商品をつくろうとしたからです。世界一うるさい日本人相手に売ることができたら、他国でも通用するので輸出が伸びたわけです。それどころかアメリカ人も米国産の豚を見直し、国内需要も増えたと言います。まさに、マーケティングの勝利です。

もともと競争力がある和牛やリンゴのような作物は、特に外国に合わせたマーケティングは必要ないかも知れませんが、そうではない作物の場合、外国でどの作物にどんな食味や食感、あるいは食のスタイルが求められているのか、本気になって調べる必要があるでしょう。

たとえば、ヨーロッパではコメは主食ではありませんから穀物ではなく野菜扱いされています。個人的に面白いと思うのは、イタリアにあるアランチーニと呼ばれるコメのコロッケです。シチリアとナポリの名物だそうで、コメにチーズや牛乳、卵、あるいはミートソースなど地域によって異なる素材をこねたのを、小麦粉でまぶしてコロッケにする。しかも使っているのは日本のコメ同様のジャポニカ米とのことです。

アランチーニを食べたことがない人は、実際に食べてみないとどんな味がするのか全く想像もつきません。当然、どんな食味のコメが求められているのかもわかりません。

アランチーニの素材として、日本のコメを輸出したいと考えたとしましょう。コシヒカリなど、適当に思いついて選んだコメを持って行っても相手にされないと思われます。イタリア人の嗜好に合った品種を提案する必要があります。２０３０年までにアランチーニに合うコメを日本で開発できるのが理想ですが、当面は今の日本で栽培できる品種からアランチーニに合うコメを探すことになるでしょう。

しかし、そんな品種のコメが日本にあったとしても、日本人には判断がつきかねるところがあります。醤油やみりんの文化圏の日本と、オリーブオイルの文化圏のイタリアでは、求められる味が違うはずです。下手をすると日本では不味いコメとされている品種がイタリア料理では好まれる資質を持っているなんてこともあるかも知れません。

そこでイタリア人のコンサルタントを招いたり、イタリアで日本の、どの品種のコメが好まれる品種なのか調査して、販路を開拓し、買ってもらえるようにするマーケティングは、多くの農家にとってハードルが高すぎます。

アメリカの養豚業界も、それゆえ業界一丸となって日本向けのマーケティングを行ったのです。同じことを日本もすべきでしょう。

農水省やＪＡ全農が音頭を取り、この国にはこの作物を売ると決め、作物別の部会を作る。たとえば枝豆を世界で売りたいなら、農家だけでなく農業試験場や種苗会社、商社などの関係者が集まった日本枝豆部会を作るべきでしょう。部会は世界各国向けの品種を見つけたり開発したり、どんな売り方をすればいいかなどを調べる。もちろん農薬残留基準も見ておく。そして、日本で余った農作物ではなく、当初から彼の国をターゲットとした作物生産を行う。そんな体制を作ることができると、日本が世界有数の農産物輸出国になることも現実味を帯びてくると思われます。

中でも注目すべきは、アフリカのサブサハラです。２０５０年あたりから世界レベルでの人口増加はおさまってきそうなのですが、その後も人口が増える地域はあります。それがサブサハラと呼ばれる、サハラ砂漠より南の地域です。現在11億人ほどの人がこの地域で暮らしていますが、国連の予測では2050年には21億人、2100年は34億人以上になるとされています。

世界人口100億のうち34億人ですから、3人にひとりがこの地域に住むことになります。ところが、この地域の農業生産力は、そこまでの人口を養えるほど高くはありません。

サブサハラはだいたい3分の1くらいが砂漠で、3分の1が農業に向く粘土集積土壌、そして残り3分の1がオキシソルと呼ばれ酸化鉄を多く含む土です。オキシソルは20億年前にできた古い土で風化によって養分が少なくなっており、農業には向きません。このオキシソル、ブラジルではセラードと呼ばれる熱帯サバンナ地帯に分布しており、1970年代前半まで作物が育たない不毛地帯とされていました。今では農業国として有名なブラジルも、70年ごろは小麦すら100パーセント輸入する、食料自給などできない国だったのです。

ブラジルは日本の協力を得て70年代からセラードでも育つように大豆の品種改良をしたり、さまざまな肥料を投入するなどして土壌改良を進めて、今では世界一の大豆輸出国になっています。しかし、それもあれだけ大きな国土で2億人ほどの人口しかいないからできたことでしょう。サブサハラでブラジル同様のことをしても30億人の胃袋は満たせないでしょう。

そうなると、輸出できる国が輸出しないといけないわけですが、需要を満たせる保証はあるでしょうか。

2050年21億人、2100年には世界の3分の1にもなる34億人のマーケットの5パーセントでも占めることができれば、それだけでも日本の農産物は1・7億人分のマーケットを確保できるのです。実際は、海外輸出を念頭に置いたマーケティングをしていれば、アフリカ以外の国の輸出もそれなりに伸びているはずです。そう考えれば、日本が2030年目標である5兆円の次は、さらに5倍の25兆円の輸出をするのだと旗を振っても、非現実的だとは言えないでしょう。

◉家族農業は今後も主流であり続ける

近年はさすがに勢いをなくしてきた農業論に、大規模農業があります。「日本の農業が弱いのは、小さな農家がたくさんあって効率的な生産ができないからだ。だから一農家の経営規模を大きくして大量生産とコストダウンを進めていけば農業の未来は明るい」という考え方です。

この考えは、戦後、1980年あたりから目立って言われるようになりましたが、実はその100年前、1880年頃にも同じことが言われていました。

明治政府が欧米と対抗するために富国強兵と殖産興業を政策にかかげたのはよく知られています。富国強兵とは国を富ませて強い軍隊を持つこと。殖産興業は国を富ませるために産業を育成し、欧米に並ぶ近代化を成し遂げようとするものです。

農業も殖産興業の対象となる一分野でした。そのため外国の進んだ農業技術をとり入れるため、外国人を招き技術を学ぼうとしました。最も有名な人物は、札幌農学校に招かれたクラーク博士でしょう。

この時期、農業政策は「勧農政策」と呼ばれました。勧農政策の目的は大規模農家の育成と輸出農産物の育成で、こうした主張を「大農論」と言いました。

農家が大規模化して欧米の技術を取り入れ生産力や競争力を向上させ、作物を輸出することでカネを稼がせる。そのカネを使って鉱工業の機械を買うなどして近代化を進めていこうとしたわけです。そうした考えは、１８７１年の岩倉使節団に参加していた大《おお》久《く》保《ぼ》利通《としみち》が外国農業を見てきたところから始まります。

これに対し、小規模農家を保護すべきだという主張もありました。当時の農家は多くが零細だったので、貧しかったのです。土地の権利などの問題もあって農家の規模拡大は難しいので、零細でも食べていけるようにすべきだとする主張で、こちらは「小農論」と呼ばれました。

大農論をかかげた「勧農政策」は、多くが失敗します。失敗した理由は簡単で、札幌農学校（現北海道大学農学部）や駒場農学校（現東京大学農学部）などで欧米の技術を学んでいたのは農家ではなく、江戸時代には下級武士だった若者たちだったからです。彼らは農業をそれまでやったこともなく、日本の農業の知識も持っていませんでした。教えていた外国人教師たちも日本の農業を知らない点で同様でした。

そのためせっかく農業研究機関である勧業試験場（農業試験場）を各地に作っても、研究員たちはそれぞれの地方の重要作物の改良をやろうとせず、欧米の新しい、自分たちが見たことがない技術に飛びつくだけのことがよくあったのです。農家に向かって外国の技術を、これを使えば生産性が上がるから使えと言うことはあっても、「この技術は欧米では優秀なのだろうが日本のやり方では合わない。どうすれば日本向けに改造・改良できるだろう?」と考えて研究する人が少なかったということなのでしょう。

近代農学の祖とも言われる農学者、横井時敬《よこいときよし》が「農学栄えて農業滅ぶ」の名言を残したのは、彼自身が駒場農学校2期生としてそんな教育を受け、数々の失敗を目の当たりにしていたからです。

とはいえ、成功例もないわけではありません。生糸やお茶などです。生糸は明治政府が率先して富岡製糸場を建設し、富岡のつちかったノウハウが各地に伝えられて多くの外貨を稼ぎ、繊維会社は戦後も名門企業として多くが存続しました。

お茶は大きな企業こそ作れませんでしたが、外国の機械を導入してスタートした生糸とは違い、日本人が産業革命を進めていきました。幕臣で大政奉還後、徳川慶喜《よしのぶ》に付き従い駿府《すんぷ》(静岡)に移り住んで茶農家となった多田元吉《ただもときち》をはじめとした多くの人たちが製茶機械開発に取り組み、品質向上と生産性向上を果たしていきます。静岡茶など、最初から日本市場など見向きもせず、全て輸出されていたくらいです。

大企業づくりや輸出は成功したものの、大規模農業(大農)をすすめる政策がおおむね失敗したのは間違いありません。それから日本は小農論が有力になり、小規模農家の保護に力を入れる政策を採るようになります。

もっとも、もし明治のはじめ、現場に習熟した精鋭たちががんばったら大規模農家が育っていたのかと言うと、これも疑問です。なぜなら、当時の農地の耕作環境は、今のようによくなかったからです。水田なら、人が入ると排水が悪く膝まで水が浸かる程度ならまだマシな方で、腰まで浸かる水田などもたくさんありました。土地の区画も今のように1反以上の長方形に整備されてなどおらず、不定形の大きさの水田ばかりだったのです。

もし、今の技術水準で作られたトラクターを明治時代にタイムスリップさせることができたとしても、こんな環境では使い物になりません。トラクターを水田に入れたところで沈み込んで動けなくなるでしょう。動いたところで、ひとつひとつの水田面積が小さく、機械の取り回しが困難です。

言い換えると、農業をやるには、人と牛馬の力に頼るほかはなかったわけです。そんな状態での大規模化は、人や牛馬の能力以上には生産性を上げることができません。たとえば、ひとりの農家と馬1頭で1単位の仕事をする場合、10人を雇う大規模農家の仕事は10単位にしかなりません。大規模課のメリットとは、人や牛馬の何十倍、何百倍の単位の仕事をする機械を使い、ひとりで10単位とか20単位の仕事ができることにありますから、明治時代に大規模化しても作業効率を向上させ生産性を上げるのは難しかったと見るべきでしょう。

それでも大規模化への挑戦がなくなったわけではありません。大正時代には藤田伝三郎《ふじたでんざぶろう》が率いた藤田財閥の中核企業、藤田組が岡山県児島《こじま》湾を埋め立てる干拓事業を行い、1287町歩（ヘクタール）に小作農439戸が入る大農場が作られました。今の岡山市藤田の地名は、これが由来です。

日本初期の企業経営農場であった藤田農場では、大規模のメリットを生かしたいため農機の導入にも熱心で、おそらく西日本初であったと思われるアメリカ製の20馬力のトラクターも導入しています。20馬力のトラクターと言えば、今では小型トラクターのスペックですが、それでも干拓地の軟弱地盤では使い物になりませんでした。それを横目で見ていた近くの興除村《こうじょそん》の青年藤井《ふじい》康弘《やすひろ》が日本で使えるトラクター開発を始めて、藤田の会社が後のヤンマー農機に発展していきます。

話を戻します。藤田農場では、ひとりあたり約3ヘクタールという当時としては大変な大規模であったにもかかわらず、小作農たちは生活がよくなりませんでした。そのため、たびたび農民争議が発生しました。そんなことになったのは、藤田組が払う小作料が安かったのもあるのでしょうが、当時の農機の水準では生産性向上には限界があったと見るべきでしょう。言い換えれば、小農論が正しかったのです。

もっとも大農論をぶつ人たちも大規模農家の育成をあきらめたわけではなく、戦前なら大陸に満蒙《まんもう》開拓団を出し、戦後は日本で2番目の面積をもつ湖沼であった秋田県の八郎潟《はちろうがた》を干拓して大潟村を作るなどして、大規模農家を育てようとしていました。水門を開くか閉めたままにするのか大きな論争を巻き起こした諫早《いさはや》湾干拓も、そのひとつです。

しかし、そんな流れも1970年代までで、以後、政府の思惑とは全く別の文脈から農家の大規模化が進みます。1967年に日本はコメの完全自給を達成し、以後コメ余りの時代が続き、離農が増えます。離農者の農地を引き受けているうちに、一部の農家は大規模化していきました。

80年代になってくると、農業は工業に学んで大規模化すべきだといった論理で、再び大農論が有力になってきますが、その頃にはすでに大規模化は進みつつあったのです。農地の区画整理事業（小さな田畑を長方形のひとつにまとめる事業）も進み、かつては水を入れると腰まで浸かったような水田も排水整備が進み、大型機械を入れやすい農地もどんどん増えました。問題は、そこまで大規模化が進んでも、多くの農家の生活が楽にならなかったことです。

いや、当初はよかったのです。大規模にすれば、それなりに規模の経済も効いて大規模農業をすると所得も向上しました。しかし、それが通用したのは米価がまだ高かったからです。しかし、米価が下がると今度は大きかった利益が大幅に減り、今度は大きな赤字を出すようになります。そうなると小規模農家が生き残り、大規模な農家から先につぶれていく……大規模生産でコストダウンをすれば農家は生き残っていけるという「定説」をのたまう人が「現実の方が間違っている」と叫ぶような事態が発生することは前著で述べました。少なくない大規模農家の方も同じ認識を持っておられます。

うまくいっていた大規模農家でも、高齢化によって引退・離農していく時代です。大規模農家がいなくなると、これまでとは比較にならない農業の崩壊が起きます。なぜなら、そうした大規模農家は、地域農業の中核を担っています。零細農家が離農した農地を引き受けて行くうちに、率にすれば地域の3割とか5割とか、それくらいの農地を一農家が面倒を見ていたのです。そのため、大規模農家が廃業すると、代わりになる農家がいません。零細農家はそんな大規模な農地は回せませんし、他の地域にいる大規模農家にやってもらおうと依頼しても、その大規模農家も高齢化して廃業を検討していたり、規模を縮小しようとしているのが実態だったりします。

時代によって農業は大農論が有力になったり小農論が有力になったりはしますが、現在大農論は、声は大きいものの、決して分が良いわけではありません。大規模農家の廃業が本格化し、耕作放棄地が増えれば批判されるに決まっているからです。かといって小農論が有力になるかと言えば、それも当面はないでしょう。農業人口が減りすぎて、少ない小農で日本の農地を回すのは不可能だからです。

農業経営体に占める家族経営体の割合

日本	EU	アメリカ
97.6%（2015年）	96.2%（2013年）	98.7%（2015年）
1344/1377千戸	10,426/10,841千戸	

農林水産省HP「家族農業の10年」
https://www.maff.go.jp/j/kokusai/kokusei/kanren_sesaku/FAO/undecade_family_farming.html

私が思うに、間違いないと考えられるのは、家族農業が今後も主流であり続けること。そしてＩｏＴ技術の進展に助けられて家族農業の規模が拡大することだけです。

国連は２０１７年、国連総会で２０１９～２０２８年を「家族農業の10年」を定め、加盟国及び関係機関等に対し、家族農業に係る施策の推進・知見の共有等を求めました。なぜ国連がこんなことを言い出したのかと言うと、家族農業が食料安全保障確保と貧困・飢餓撲滅に大きな役割を果たしているからです。

家族農業と言うと零細農家が多いのに国連は何を言っているのかと首をひねる方がおられるかも知れません。世界の農業は大規模化、企業化の方向に向かっているんじゃないかと考える方もおられるでしょう。ところが、多くの人が思っているほど大規模化も企業化も進んでいません。

今も世界中で農業生産を支えているのは、圧倒的に家族単位で行う農業で、企業など組織を作って集団でやっている農業はごく一部に過ぎません。

農場タイプ別の農場とその生産額

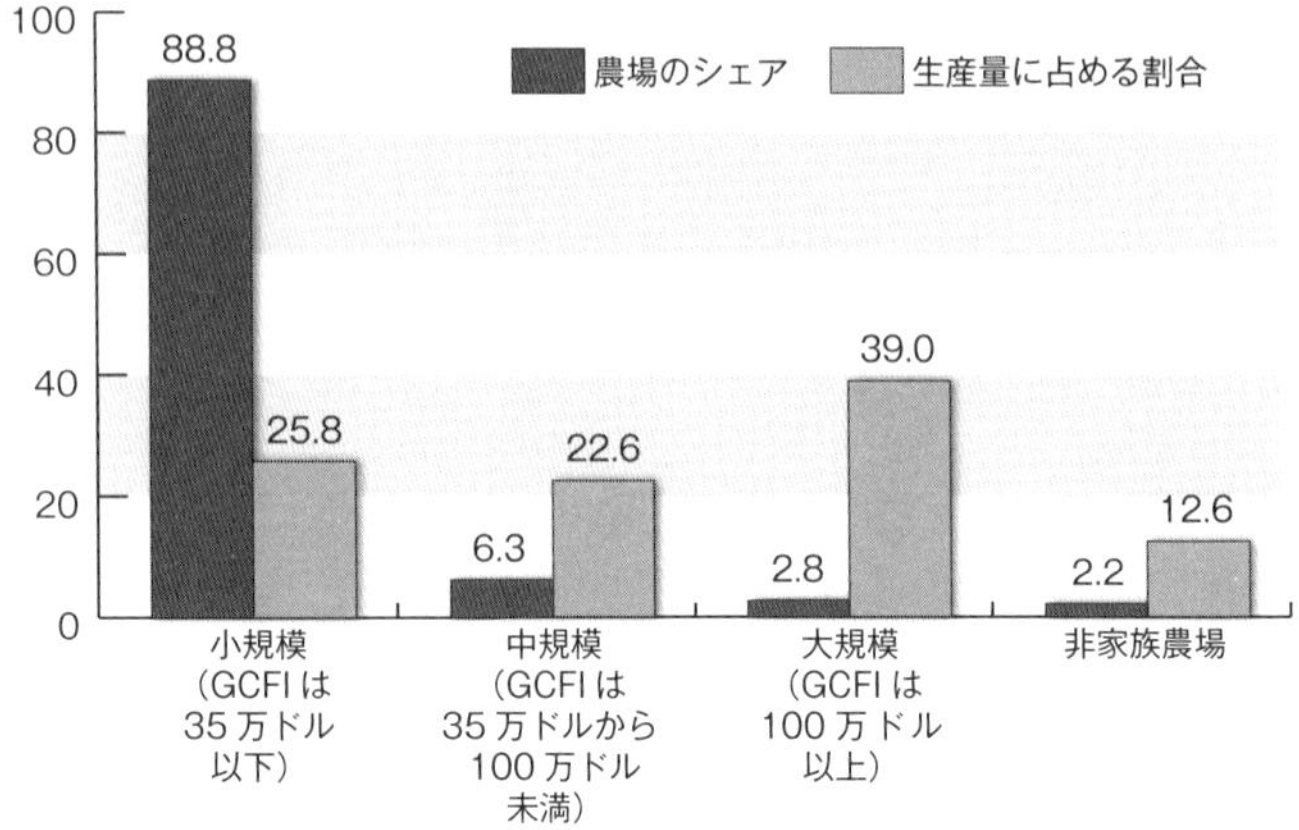

注）GCFIは支出前の年間総現金農業収入。非家族農場とは経営主体も経営者個人も農業経営の過半数を占めていない農場。
出典: 農務省経済調査局および国家農業統計局、農業資源管理調査。2018年11月30日現在。

いや、企業的農業は、数は少ないかも知れないが生産量も大きいはずだろうと言われれば、その通りです。しかしイメージほどに多くはないのです。

アメリカを例に挙げましょう。アメリカの農業と言うと、その規模の大きさから大規模専業農家や企業農家が多いような印象を受ける方が多いと思います。

アメリカ農務省（USDA）のホームページのデータを見てみます。

アメリカ、ERS（経済調査局）の2017年の調査によると、アメリカ農家の88・8パーセントが売上（利益ではない）35万ドル以下で、全体の農業産出額に占めるシェアは25・8パーセント。100万ドル以下の売上の農家は6・3パーセントで産出額のシェア

農業経営者の世帯収入中央値

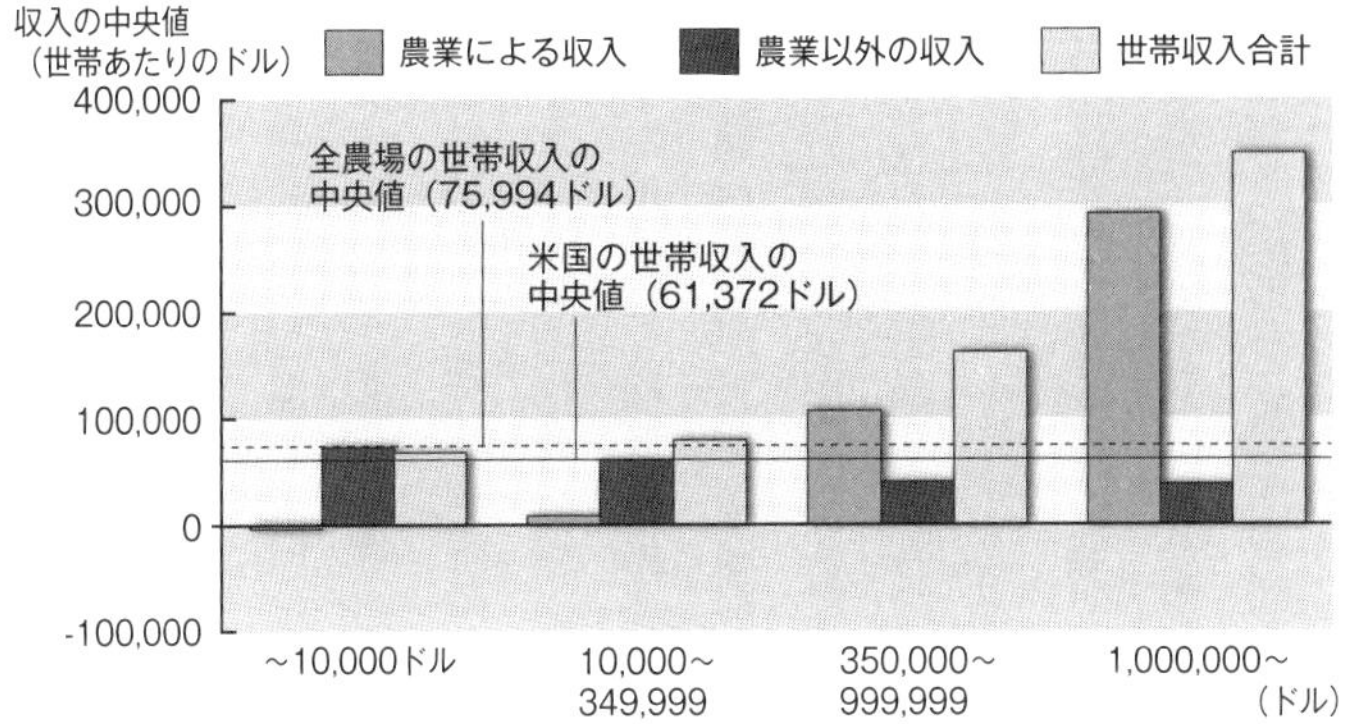

下段数字は支出前の年間総農場収入（作物および家畜の販売、補助金、その他農業関連収入の合計）
出典）農務省経済調査局、国家農業統計局、農業資源管理調査、米国国勢調査局、現況人口報告書（2018年）。

は22・6パーセント。
100万ドル以上を売り上げる農家は2・8パーセントで産出額は39パーセント。非家族経営の企業農家は全体の2・2パーセント、産出額に占めるシェアは12・6パーセントです。零細な農家と較べると企業農家は1経営単位の産出量は多いですが、零細農家の半分程度しか産出額がありません。実際は企業農家より大規模な家族経営の農家の方がずっと産出額は大きいのです。

ここで、売上35万ドル以下の農家はどんな農家かを見てみましょう。

上掲は農家の売上別にどのような所得構成になっているのかを示すグラフです。売上1万ドル以下の農家の農業所得はマイナスで、農外収入で生計を立てています。売上35万ドル以下の農家はかろうじて所得はありますが、収入のほとんどはまだ農外収入です。１００万ドル以下でも、農業所得は全体の４分の１程度。売上１００万ドル以上のクラスになってはじめて大部分が農業収入となり、いわゆる専業農家になるわけです。

これでわかることは、アメリカの農家の88・8パーセントが農業収入で食べていけない兼業農家であること。これに農業収入が農外収入より多い兼業農家を入れた95パーセントがアメリカの農業生産額の半分近くを担っていると言うことです。

ひるがえって日本はどうか？　かつては日本の農業を分類する時、専業農家と兼業農家、そして兼業農家には第一次兼業農家と第二次兼業農家があると多くの人が教わりましたが、近年は主業農家、準主業農家、副業的農家といった分類がされる方が多いようです。

農水省の定義では、主業的農家（経営体）とは、「農業所得が主（農家所得の50パーセント以上が農業所得）で、１年間に60日以上自営農業に従事している65歳未満の世帯員がいる農家」

準主業農家（経営体）とは、「農外所得が主（農家所得の50パーセント未満が農業所得）で、１年間に60日以上自営農業に従事している65歳未満の世帯員がいる農家」

副業的農家（経営体）は「１年間に60日以上自営農業に従事している65歳未満の世帯員がいない農家（主業農家及び準主業農家以外の農家）」を指します。

ただ、それぞれの分類の農業所得を見ると主業農家の平均農業所得額は準主業農家や副業的農

全国の主副業別農業経営体数（個人経営体）

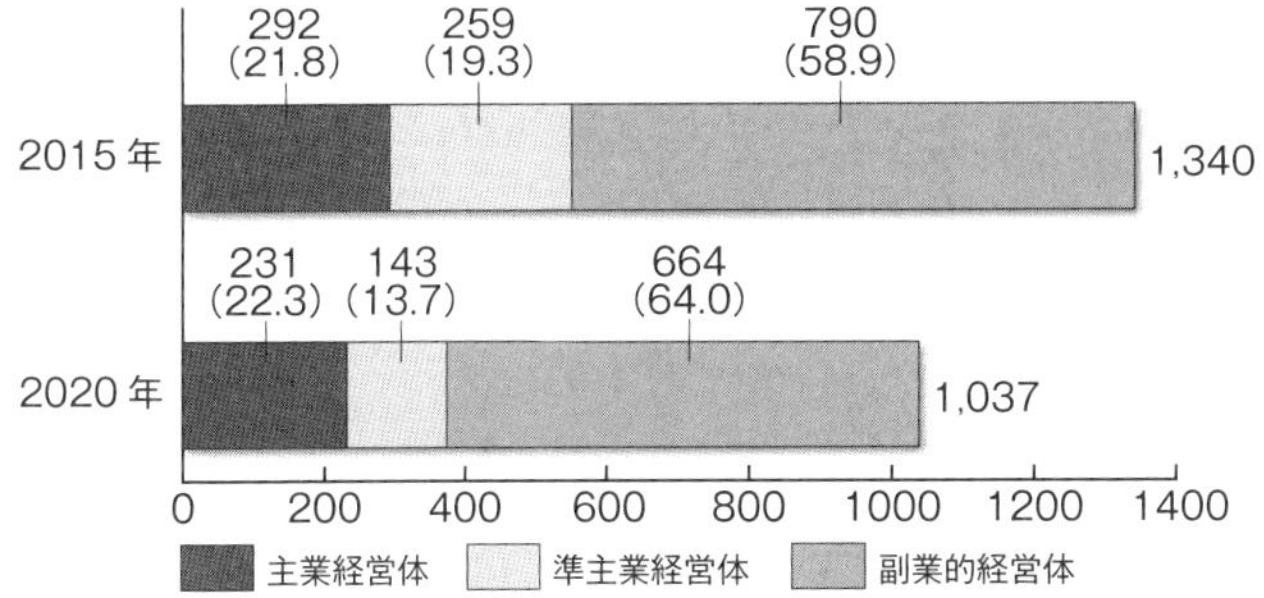

注：（　）内の数値は、個人経営体数に占める割合（%）である。

2020年農林業センサス結果の概要
https://www.maff.go.jp/j/tokei/kekka_gaiyou/noucen/2020/index.html

家の12倍から15倍ほど違いますので、主業農家≒専業農家と見て良いと思われます。

そう考えて眺めてみると、アメリカにおいて農業所得で食べている農家は1割にも満たないのに対し、日本では2割程度は食べていけていると言って間違いはないでしょう。農業所得のみで食べていけている農家の比率を見ると、アメリカよりより日本の方が比率としては多そうです。農業の産業構造としては、さして変わりがない。違いと言えば耕作面積くらいでしょうか……日本で100ヘクタール、200ヘクタールやる農家と言うと誰が見ても大農家ですが、アメリカだとその面積だと中小、もしくは零細扱いされる程度の違いです。

では、これから日本は急速に家族農業主体から脱皮し、企業化、大規模化を進めるべきかというと、そうは思いません。

いや、企業化は進めようにも進まない。家族農業の大規模化は今後も進んで行くが、企業的農家が農業を主導することは考えにくいと言うべきでしょう。

なぜか？　大規模化、企業化すると、多くの人を雇わなければならなくなりますが、採用できる人がいなくなるおそれが高いからです。現在でも、比較的大きな農業経営をしているところでは外国人労働者を雇用しているところがたくさんあります。日本人を募集しても来ないからですが、今後外国人労働者の採用は困難になることが予想されます。ちなみに2022年のデータでは、日本で農業に従事している外国人労働者の数は3万5000人ほどです。

なぜ採用できなくなるのか？　多くの国で賃金が上がっているのに、日本の賃金が上がっていないからです。これまで日本の農家や企業は、外国人労働者に他国よりも高い賃金を払えましたが、他国の方が高賃金を払えるようになってきたので、日本で働こうとする外国人労働者がいなくなると考えられているのです。2022年に日米金利差が開いて、怒濤《どとう》の円安になった時期に、日本にいた外国人労働者は2割ほどドル建てで賃金が減ってしまいました。それだけ減ると他国で働いていたほうがよい賃金を得られたということで、彼らは日本に働きに来たことを後悔しました。

実際、日本が今後も賃金額で負け続けることになれば、外国人が働きに来てくれるどころか、日本人が〝外国人労働者〟として他国に働きに行く時代がやってくることになるでしょう。

また、大規模化したからといって、特に生産性が上がらないことも企業化を進めるべきか考える理由になります。一般に企業化すれば生産性が上がるとされているのは、大量生産によってコストが落とせると考えられているからですが、土地と機械の水準による制限があるため、限界があるのです。

大量生産したからといってコストがおちるわけではない。このあたりの理論的説明は前著で解説していますので参照いただきたいのですが、たとえば、ある地域の稲作を考えてみましょう。地域の水田の大きさや栽培する品種の組み合わせによって作付けできる最大面積は上下しますが、仮にひとり最大20ヘクタールの栽培が可能としましょう。そんなところで100ヘクタールやろうとすると、5人必要になります。要は20ヘクタール生産可能なユニットが5つになるだけで、5人の個人農家がやっても、企業化した農家が自分と雇用した4人でやっても、生産性はひとりで20ヘクタール以上の時以上に上がらないのです。むしろひとりでやっていた場合と比べ、人件費や管理コストが発生するため、ひとりでやっていたときの5倍儲かるというわけにはいかないのです。

もちろん、もっと突き抜けた大規模化をすすめて、たとえば経理や営業などの専従職員を採用するほどになるなら、それもひとつの方法です。そんな会社にするのなら、農業現場で働く人の数は多くなりますし、その多い人数は絶対に確保する必要があります。その多数の人を確保でき

農業法人の従業員数

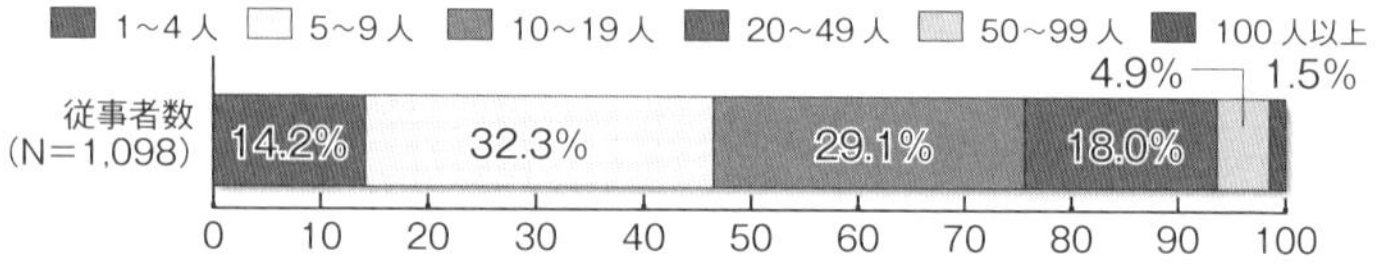

2020年版　農業法人白書

ないなら、このビジネスモデルは成立しません。

実際、かつて日本の農家の平均耕作面積は1ヘクタールと言われていましたが、2021年には434万ヘクタールを97万経営体で耕作しているので、4ヘクタール以上に拡大しています。

かつての4倍以上に農家の規模が拡大しているのは、一部の大規模農家が平均値を上げているからなのは調べるまでもなく明らかですが、そうした大規模農家で日本人のみで回せる会社はいくらあるのか。詳細は不明ながら、日本の農業法人数が2022年3万2000（会社法人＋農事組合法人）ほどあります。外国人労働者の数が3万5000人ほどなので平均ひとり程度になりますが、実際のところはひとつの法人が何人も雇っていることが多いでしょう。仮にひとつの農業法人が平均4人労働者を雇用してそのうちひとりが外国人という構成なら、外国人労働者が来なくなれば、労働力不足で規模を4分の3に縮小しないとやっていけません。農業法人の従業員数は、20人以下が半数近くを占めます。小さな法人ほど、その影響は深刻です。

ここで誤解がないように書いておきたいのですが、私は農業の大規模化

（＝企業化）には懐疑的ですが、先に述べたように一農家の大規模化はこれからも進んでいくと考えています。ＩｏＴやら、ＤＸなど業機械の技術的進化が進むからです。そしてこの進化は省人化を進める……たとえはこれまで３人でやっていた仕事をひとりでこなせるようになるといった方向に進化します。したがってこれまで従業員を３人とか５人とか雇っていたような〝大規模農家〟がやっていた仕事は、家族農業でもできるようになると考えています。言い換えると、主に人を増やす大規模化ではなく、人を雇うこともあるかも知れないが、基本家族農業が機械化によって大規模化すると考えているわけです。

問題なのは、先進的な農機を備えた大規模な家族農業でも日本の全耕地を担うには明らかに足りないということです。先に述べたように80年代には大規模農家はかなり育っていました。それから40年、この時期に大規模化を進めてきた農家も高齢化しました。しかし、引き継ぐ後継者がいないことが多いのです。

そうなると多くの人に新規参入してもらわねばなりません。新規参入を増やすには、ぬれ手で粟とまでは言いませんが、参入したらそこそこ儲かる程度まで農産物価格を上げることが必須です。「今の日本は人手不足なのではない、賃金不足なのだ」とおっしゃる方は、今も何人かおられますが、至言だと思います。

◉農福連携は誰一人取り残さない手段になりうる

近年よく耳にするようになった言葉に、農福連携があります。厚生労働省によれば2019年データで日本には身体障害者469万人、知的障害者108万人、精神障害者419万人、発達障害者は不明ながら人口の数パーセント程度いるとされています。

そんなにたくさんの障害を持つ人がいるのかと個人的には驚くばかりですが、この中には、いわゆる健常者同様に暮らしている人も相当数おられます。また発達障害を疑われる、ないしは自分から発達障害であると告白する人の中には、仕事で一流の実績を残す人もたくさんおられるようです。

しかし、一般論として言えば、多くの人が単独では仕事ができず、就労支援作業所に通ったり、ベットで暮らす生活を余儀なくされています。

こうした状況に心を痛める福祉業界の人たちは、農福連携といった言葉ができるずっと前から農業が身障者の福祉に役立つと考えて、身障者に農作業をしてもらう取り組みをしていました。

「育てる仕事」は癒やし療法として有効ですし、肉体労働をすることで体を丈夫にすることもできます。

2010年ごろから、そんな活動を見ていた他の福祉関係者が、成功した例を真似て、また別の関係者が真似をしてという感じで取り組みが増えていきました。そして2017年ごろからでしょうか、農福連携という言葉が登場します。

2020年には就労系の障害福祉サービスの事業所の16パーセントが何がしかの農福連携事業を行っています。

農福連携が増えてきた背景にあるのは、福祉側から見ると身障者の社会参加を促すノウハウ、あるいは療法が確立されつつあることがありますが、農業側から見ると人手不足が挙げられます。

浜松に、この分野で有名な京丸園《きょうまるえん》という株式会社があります。京丸園は1995年に水耕栽培部門に1名の障害者を雇用しました。水耕栽培の仕事には全部で17の作業工程がありましたが、身障者にできる仕事は定植や収穫など4つだと判断して4つの仕事をしてもらいました。そこからユニバーサル農業の考え方やJGAPの導入などによって障害者でも安全で仕事がしやすい環境整備を進めます。

その過程で当初17だった作業工程を再分類して23に細分化し、障害者のできる仕事を4つから9つに増やしました。再分類した仕事を分析し、作業しやすいように治具を作ったり、機械を導入しました。また水を流す秒数を計測して、何秒で止めるなどルールを明確化、あるいは作業の「見える化」も進めます。

労働環境の整備にも力を入れ、熱中症を予防するために作業所にミストを導入するなど改善を進めながら身障者の雇用を増やしていきました。2019年の同社の従業員はパート含めて118名でしたが、このうち雇用している障害者が24名。そして特例子会社や福祉施設から来てもらう作業委託が20名に達し、全社の仕事の半分を障害者が担うことになりました。一見困難に見える障害者の雇用も、既存のマネジメントのノウハウを使えば全部とまではいいませんが、かなりの部分可能になるということなのでしょう。

農福連繋が進んでいる地域では、比較的大きな農業法人と障害者施設や作業所などがネットワークを作り、障害者でもいつでも仕事がある地域を作ろうとして、実際そんな態勢がかなりできている地域もあります。たとえば新潟県では2021年実績で県内296ヶ所の作業所のうち36パーセントにあたる106事業所が、県内の184の農家に人を派遣する態勢がつくられているそうです。同じ整備が進んでいる地域としては札幌市、小樽市、長野市、郡山市周辺なども挙げられます。

仕事を細分化してひとりに割り当てられるのが可能になるのは、人をたくさん雇う比較的大きな事業体でないと難しいことが多いのですが、長年運営していると経営ノウハウも蓄積されます。ノウハウがあると引退した農家の農地を借り受けて障害福祉サービス業が農業経営を始めたり、障害者の戦力化に自信を持った農業法人が障害福祉サービス業に進出することもあります。

そんな感じでSDGsのテーマのひとつ、「誰一人取り残さない」は、農業においては着々と進行しつつあるのです。

しかし、農地や作業所に出ていける人はいいのですが、出ていけない人たちにはまだ手が差し伸べられていないことが多いようです。出ていけない人とは、寝たきりの人や引きこもりの人などです。

こうした人たちの支援には、私は軍事技術の応用が有効ではないかと思っています。

アメリカ空軍が運用する、MQ－9リーパーと呼ばれる無人偵察機・攻撃機はアメリカ国外の遠い国で軍事行動をしていていますが、飛ばしているパイロットたちはアメリカ国内の基地から操作しているのはよく知られています。

日本も導入している戦闘機F－35ライトニングⅡは機体上下左右と前後に赤外線センサーがついており、パイロットは悪天候時でも機体全周360度の視界を得られます。それぞれのセンサーが拾う画像はシームレスにつながるため、前を見ているパイロットが下を見ると、本来見えないはずの操縦席下の風景すら見えるそうです。

このふたつの技術を組み合わせれば、戦闘機のかわりにトラクターなど農機具も遠隔操作できるようになるでしょう。要するに部屋から一歩も出られない人でも農業での就労が可能となるのです。

私が軍事技術に注目する理由のひとつは、いわゆる農業のＩｏＴ（ものとつながるインターネット）として語られる自動運転（無人運転）に懐疑心が芽生えてきていることもあります。なぜかというと、スマホなど携帯電話で５Ｇ化が進められていますが、これが農業に使われることはないのではないかと思うからです。

電波は波長が短くなるほど多くの情報が送れるようになりますが、反面直進性が増して到達距離が短くなります。５Ｇの電波はミリ波と呼ばれる波長が1ミリから10ミリ程度ときわめて短い電波で、ちょっとでも障害物があると電波が届かないことが多いのです。その上電波の到達距離が短いので基地局も大量に必要となります。

通信キャリアが５Ｇの基地局をぼつぼつ設置し始めた２０２２年に各社の５Ｇエリアマップを見ると、５Ｇ基地局のエリア範囲は円状に広がっています。基地局ひとつ設置しただけなので円状になるのはわかるのですが、問題はその円の大きさです。どうも基地局から50メートルくらいしか５Ｇの電波は届かないようなのです。そうなると１００メートルおきに基地局を設置しないと広範囲をカバーできません。これは都会なら設置できるでしょうが、人口が少ない農村だと設置できるのか、きわめて疑問です。携帯電話のネットワークですから電話が使われる場所しか基地局は設置されませんが、住宅や店舗などがないところにこそ、多くの農地があります。たとえば新潟市の周辺や秋田県の大潟村といった大規模な稲作が行われているようなところでは、四角い田んぼの一辺が100メートルを超える大きな水田もたくさんあります。もちろん住宅などから100メートル以上離れているところもたくさんあります。そんなところで5Gの通信機能を使ったトラクターを入れようとすれば、1枚の田んぼですらひとつの基地局ではトラクターひとつ動かせないのは自明の理でしょう。ならば、無人戦闘機MQ－9リーパーのように、衛星通信を使えばなんとかなりそうですが、MQ－9リーパーも電波の使用帯域の問題で同じ場所で多くの機体を飛ばすことができないので、地域で何十台と自動運転トラクターが動くような未来を思い描くのも現実的ではないようです。テスラの衛星インターネットであるスターリンクも日本では2022年9月29日付でアップリンク14～14・4GHz、ダウンリンク10・7～12・7GHzが割り当てられていますが、報道によると10万の基地局（ユーザーのこと）しか割り当てられていないということなので、これもあまり期待するわけにはいかなさそうです。そう考えると、私は4Gで運用できるIoTでシステムを構成するほうが現実的だと考えるのです。

4Gで構成できる仕組みとしては現在RTK（Real Time Kinematic）と呼ばれるシステムがあります。これはGPS技術のひとつで、人工衛星だけではなく、特定の場所に設置された基地局の位置情報も見て、データに補正をかけて正確な位置情報を得られます。そうなるとトラクターに複数のカメラを設置しＦ－35戦闘機の操縦士用ヘルメットよろしく前後左右３６０度の視界を得られるようにすれば、たとえば東京に居ながらにして北海道や沖縄にあるトラクターを動かせるのです。そんなことができると、寝たきりや引きこもりの人でも就労が可能になります。

自分は戦力になると知れば、たとえ寝たきりでも引きこもりでも前向きに生きる動機になりますし、社会の役に立つ自信も生まれるでしょう。いや、労働人口が激減する時代、実際に、現実に役に立ちます。

ゲームスティックでできるくらいの作業なら、ゲームスティックでやればいいのですが、高度なものになると飛行機のシミュレーター、あるいはゲームセンターにある〝操縦席〟が必要になるでしょう。本格的なゲーマーは、その程度の設備など今でも普通に家に据え付けています。実現するために技術的に困難なことはほとんどありません。あるとすれば電波遅延の問題くらいでしょうが、そのあたりは運用の仕方でどうにかなるでしょう。たとえば高速に動くコンバインが畔の近くに来て方向転換する時には人が乗って操作する時よりゆっくり動かすといったことは普通にできるはずです。

農福連携は、健常者のみを雇用する場合よりも明らかにマネジメントに手間がかかりますが、上手に運用できれば、寝たきりや引きこもりの人たちを取り残さないことにつながります。そして彼らを社会に引き出すことで、人手不足緩和の大きな力となるでしょう。

あとがき

この本は「誰も農業を知らない」の続編です。続編なので、編集者も同じ中村剛氏が担当になってくださっていました。続編を書くにあたり、ふたりで企画の方向性をどちらに向けるのか、長い時間をかけました。

2年くらい時間をかけて、やっと企画の方向性が決まって書き始めましたが、書いている間に中村氏は病に倒れ、帰らぬ人になられました。

本の編集者とは、著者の書いた原稿を読者より先に読む人です。本が読者の元に届く前に、「ここの書き方は分かりにくいから書き直してください」とか、「ここには表、あちらには図版があるといいのでは」とか助言を受けながら原稿を直していきます。言い換えると、本とは、編集者との共同作業でできるものなのです。

それだけに著者の私としては、第一章の原稿のみを読まれて彼岸に旅立たれた中村氏に全ての原稿を読んでいただけなかったことが残念でなりません。私の書くスピートがもっと速ければ……自分の能力の低さが恨めしくてなりません。

最後に中村氏の仕事を引き継ぎ、編集をしてくださった原書房編集部の石毛力哉氏に感謝して、拙著を終えます。

有坪民雄（ありつぼ・たみお）

1964年兵庫県生まれ。香川大学経済学部卒業後、船井総合研究所を経て専業農家に。和牛肥育と稲作の傍ら農業関係の執筆も行う。専門知識を初心者にも分かりやすく書くことが評価され、出した本が農業関係の公務員試験の参考書や、食品関係企業の研修テキストに使われることもあった。

前著『誰も農業を知らない』は、「農業は大規模にすればいい」「有機農業がよい農業」「遺伝子組み換えは危険」といった通説を一刀両断し、農業関係者のみならず、幅広く読者に支持された。

誰《だれ》も農業《のうぎょう》を知《し》らない 2

SDGsを突《つ》きつめれば、日本《にほん》の農業《のうぎょう》は世界《せかい》をリードする

2024年7月1日　第1刷

著者…………有坪民雄《ありつぼたみお》

装幀…………佐々木正見

発行者…………成瀬雅人
発行所…………株式会社原書房

〒160-0022 東京都新宿区新宿 1-25-13
電話・代表 03（3354）0685
http://www.harashobo.co.jp
振替・00150-6-151594

印刷・製本…………新灯印刷株式会社

ISBN978-4-562-07426-6, Printed in Japan